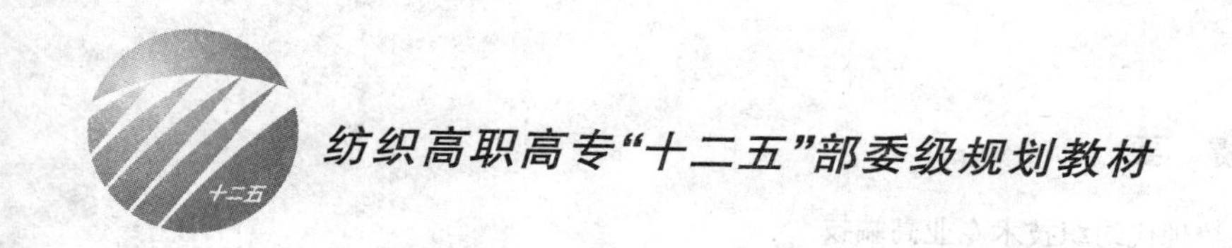

纺织高职高专"十二五"部委级规划教材

纺纱产品质量控制

常　涛　编著

中国纺织出版社

内 容 提 要

本教材是为满足高等职业院校现代纺织技术专业高端技能型人才的需要，依据纺部试验员（质量员）的岗位能力要求进行编写。纺部试验员（质量员）的工作任务包括半成品、成品的各项指标的实验、质量控制。

本课程的目的是要求学生能够对纺纱半成品及成品的质量进行测试；能够掌握质量控制的主要指标，具备对纺纱产品质量进行控制的能力，为将来的工作打下基础。同时培养学生的计划能力、创造能力、工作主动性以及独立获取信息、交往能力、协作能力等素质。

本教材可作为高等职业院校现代纺织技术专业的教材，也可作为纺织中等职业学校、纺织企业培训的代用教材，并可供纺织企业技术人员参考。

图书在版编目(CIP)数据

纺纱产品质量控制/常涛编著.—北京：中国纺织出版社，2012.9

纺织高职高专“十二五”部委级规划教材

ISBN 978-7-5064-8911-9

Ⅰ.①纺… Ⅱ.①常… Ⅲ.①纺纱—纺织品—质量控制—高等职业教育—教材 Ⅳ.①TS104

中国版本图书馆 CIP 数据核字(2012)第 168714 号

策划编辑：孔会云 朱萍萍 特约编辑：王军锋 责任校对：寇晨晨
责任设计：李 然 责任印制：何 艳

中国纺织出版社出版发行
地址：北京东直门南大街 6 号 邮政编码：100027
邮购电话：010—64168110 传真：010—64168231
http://www.c-textilep.com
E-mail:faxing@c-textilep.com
三河市华丰印刷厂印刷 各地新华书店经销
2012 年 9 月第 1 版第 1 次印刷
开本：787×1092 1/16 印张：9.5
字数：181 千字 定价：36.00

出版者的话

《国家中长期教育改革和发展规划纲要》(简称《纲要》)中提出"要大力发展职业教育"。职业教育要"把提高质量作为重点。以服务为宗旨,以就业为导向,推进教育教学改革。实行工学结合、校企合作、顶岗实习的人才培养模式"。为全面贯彻落实《纲要》,中国纺织服装教育学会协同中国纺织出版社,认真组织制订"十二五"部委级教材规划,组织专家对各院校上报的"十二五"规划教材选题进行认真评选,力求使教材出版与教学改革和课程建设发展相适应,并对项目式教学模式的配套教材进行了探索,充分体现职业技能培养的特点。在教材的编写上重视实践和实训环节内容,使教材内容具有以下三个特点:

(1)围绕一个核心——育人目标。根据教育规律和课程设置特点,从培养学生学习兴趣和提高职业技能入手,教材内容围绕生产实际和教学需要展开,形式上力求突出重点,强调实践。附有课程设置指导,并于章首介绍本章知识点、重点、难点及专业技能,章后附形式多样的思考题等,提高教材的可读性,增加学生学习兴趣和自学能力。

(2)突出一个环节——实践环节。教材出版突出高职教育和应用性学科的特点,注重理论与生产实践的结合,有针对性地设置教材内容,增加实践、实验内容,并通过多媒体等形式,直观反映生产实践的最新成果。

(3)实现一个立体——开发立体化教材体系。充分利用现代教育技术手段,构建数字教育资源平台,开发教学课件、音像制品、素材库、试题库等多种立体化的配套教材,以直观的形式和丰富的表达充分展现教学内容。

教材出版是教育发展中的重要组成部分,为出版高质量的教材,出版社严格甄选作者,组织专家评审,并对出版全过程进行跟踪,及时了解教材编写进度、编写质量,力求做到作者权威、编辑专业、审读严格、精品出版。我们愿与院校一起,共同探讨、完善教材出版,不断推出精品教材,以适应我国职业教育的发展要求。

中国纺织出版社

教材出版中心

前言

全书根据纺纱企业实际生产半成品及成品的质量检测与控制情况，分为四个模块，即棉卷的质量测试、分析与质量控制，棉条的质量测试、分析与质量控制，粗纱的质量测试、分析与质量控制，纱线的质量测试、分析与质量控制。每个模块下又分为若干任务。

根据高等职业教育的培养目标及相应岗位的职业能力要求，本教材强调学生知识、能力、素质的共同培养。

本教材以典型任务为载体，通过"任务引入""任务分析""相关知识""任务实施"等环节，既再现了工作岗位的实际情境，又将理论知识的学习和实践操作融为一体，同时也符合学生的认知规律。

本教材中尽可能多地采用图片、表格以及仪器操作流程，激发学生的学习兴趣和操作热情，从而达到好教易学的目的。

本教材配套的课件、动画、录像等教学资源，发布在"纺纱产品质量控制"精品课程网站(http://112.230.250.185:8080/suite/solver/classView.do? classKey=18252)。

在本教材的编写过程中，莱州市电子仪器有限公司提供了大量的技术资料，在此表示诚挚的谢意！同时，恳请希望广大读者对教材提出宝贵的意见和建议，以便修订时加以完善。

编著者

2012 年 5 月

目录

模块一　棉卷的质量测试、分析与质量控制 …… 1
任务1　棉卷均匀度的检测与控制 …… 1
任务2　棉卷含杂率的检测与控制 …… 10

模块二　棉条的质量测试、分析与质量控制 …… 22
任务1　棉条重量不匀率的检测与控制 …… 22
任务2　棉条条干不匀率的检测与控制 …… 28
任务3　棉条结杂、短纤维的检测与控制 …… 36

模块三　粗纱的质量测试、分析与质量控制 …… 53
任务1　粗纱重量不匀率的检测与控制 …… 53
任务2　粗纱条干不匀率的检测与控制 …… 55
任务3　粗纱捻度的检测与控制 …… 58
任务4　粗纱伸长率的检测与控制 …… 62

模块四　纱线的质量测试、分析与质量控制 …… 68
任务1　成纱线密度的检测与控制 …… 68
任务2　成纱条干均匀度的检测与控制 …… 74
任务3　成纱断裂强力、断裂伸长率的检测与控制 …… 84
任务4　成纱捻度的检测与控制 …… 92
任务5　成纱疵点的检测与控制 …… 99
任务6　成纱毛羽的检测与控制 …… 104
任务7　纱线外观质量的检测 …… 111
任务8　纱线成包回潮率测试 …… 118

参考文献 …… 124

附录 …… 125

模块一　棉卷的质量测试、分析与质量控制

纺织厂棉卷质量检测包括2项内容:棉卷均匀度检测和含杂检测。通常来说,在纱线产品的生产过程中,棉卷均匀度和含杂的检测需要每周进行一次。

本项目分为2个任务,即棉卷均匀度的检测与控制、棉卷含杂率的检测与控制。

任务1　棉卷均匀度的检测与控制

学习目标

1. 掌握棉卷均匀度的检测项目及控制范围。
2. 熟悉棉卷均匀度仪的结构组成及操作方法。
3. 掌握棉卷均匀度检测数据的计算与分析。
4. 掌握棉卷均匀度质量控制措施。

任务引入

某厂生产JC9.7tex纯棉精梳纱,经过纺纱的第一道工序——开清棉工序后,生产出的棉卷如图1-1-1所示。试按照生产规程,检查棉卷的均匀度。

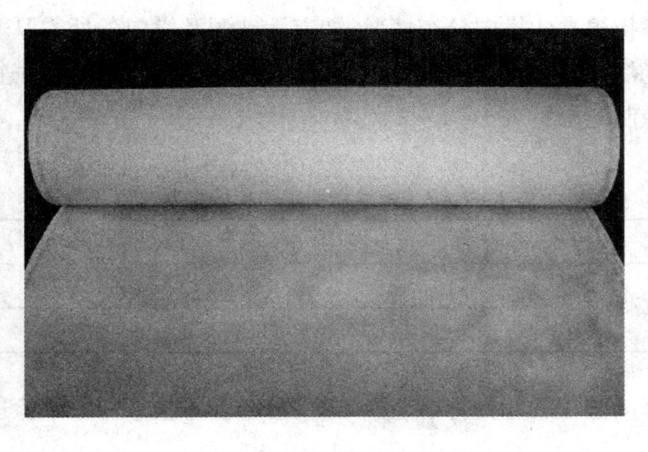

图1-1-1　棉卷

任务分析

通常来说,纺织厂生产中要求棉卷结构良好、纤维混和均匀、厚薄一致、纵横向均匀、不粘卷、定量正确。这些定性指标可以通过检测棉卷的均匀度进行判断。棉卷均匀度的检测项目有4个:棉卷重量不匀率、横向不匀率、重量偏差及棉卷回潮率。棉卷重量不匀率常用Y201L型棉卷均匀度仪检测,棉卷回潮率采用Y802K型通风式快速烘箱及电子天平检测。

一般在当遇到不合格情况时,需要操作人员及时调整相关参数以改善棉卷质量。

相关知识

一、棉卷均匀度检测项目及标准

1. 棉卷重量不匀率

反映棉卷纵向不匀,是棉卷每米长度的重量差异,它直接影响棉条重量不匀率和细纱的重量偏差。纵向不匀率通常以1m长为片段,称重后计算重量不匀率的数值。棉卷重量不匀率的控制范围见表1-1-1。

棉卷经国产Y201L型棉卷均匀度试验机切割分段经称重后用下列公式计算:

$$\text{棉卷重量不匀率} = \frac{2 \times (\text{每米平均重量} - \text{平均以下每米平均重量}) \times \text{平均以下项数}}{\text{每米平均重量} \times \text{实验总米数}} \times 100\%$$

表1-1-1 棉卷重量不匀率的控制范围

检测项目	原　料	自动落卷	人工落卷
棉卷重量不匀率(%)	棉及棉型粘胶纤维	0.8~1.0	1.0~1.2
	棉型合成纤维及中长化纤	0.9~1.1	1.1~1.3

棉卷重量不匀率试验一般每周每台成卷机至少试验1次,各品种(或卷别)每月至少试验4次。每次试验任取正卷棉卷一只。

2. 棉卷横向不匀率

棉卷横向不匀率指棉卷的横向分布情况,如有无破洞及横向各处的厚薄差异等。棉卷均匀度试验机上装有日光灯,当棉卷退出时,可以目测棉层有无破洞、厚块、粘连、"萝卜丝"等情况。棉卷横向不匀率的控制范围见表1-1-2。

表1-1-2 棉卷横向不匀率的控制范围

检测项目	原　料	控制范围
棉卷横向不匀率(%)	棉及棉型粘胶纤维	1.0
	棉型合成纤维及中长化纤	1.0

棉卷横向不匀率试验一般每台每季至少1次,可结合重量不匀率试验进行。

3. 棉卷重量偏差

生产上还控制棉卷的重量偏差，即控制棉卷定量或棉卷线密度的变化。棉卷重量偏差是指每个棉卷重量与规定重量的差异。棉卷重量偏差的参考范围见表1－1－3。

$$\text{棉卷规定重量} = \text{扦重} + \text{棉卷湿重}$$

表1－1－3　棉卷重量偏差的参考范围

检测项目	参考范围	检测项目	参考范围
棉卷重量偏差	±1%～1.5%	棉卷正卷率	99%

二、Y201L型棉卷均匀度仪

棉卷重量不匀率常用Y201L型棉卷均匀度仪检测，仪器如图1－1－2所示，其侧面结构如图1－1－3所示。

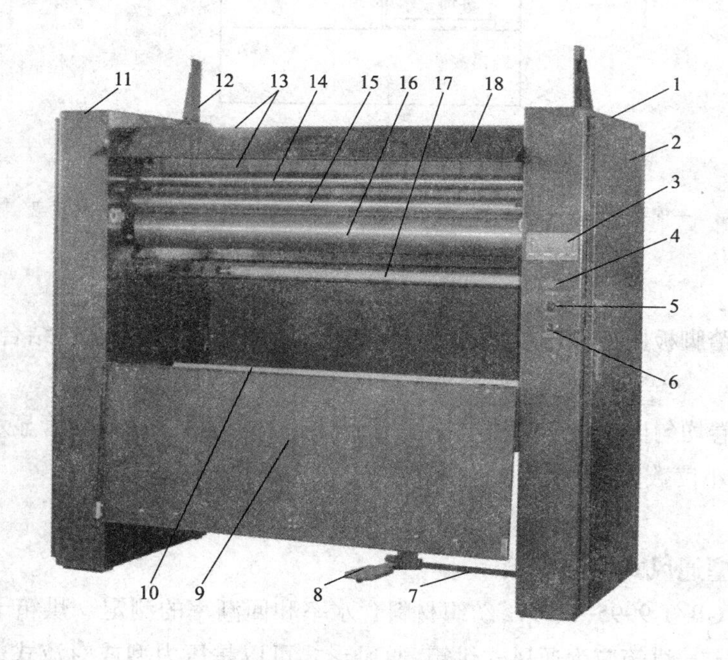

图1－1－2　Y201L型棉卷均匀度仪

1—右墙板　2—右侧门　3—天平显示　4—照明开关　5—启动按钮　6—停止按钮　7—踏板连杆　8—踏板　9—前罩门　10—称量盘　11—左墙板　12—撑杆　13—棉卷辊筒　14—压辊　15—上导辊　16—下导辊　17—照明灯管　18—上罩门

棉卷搁于棉卷架上，经棉卷罗拉退绕后，由压辊送到上导辊、下导辊之间，然后落在称量盘上。注意要防止棉卷钎被棉卷架凹档卡住，不能顺利下落或搁刹。棉卷罗拉表面要平整毛糙，不能太光滑而造成滑溜，其周长为1m，它转一圈，棉卷罗拉齿轮T_1上的凸轮钉D带动套筒拉簧柱回转一定角度，使离合器齿轮T_2与下导轮齿轮23^T脱开。此时棉卷罗拉停止回转，而上下导辊继续回转，就将棉卷在压辊与棉卷罗拉的钳口处切断。

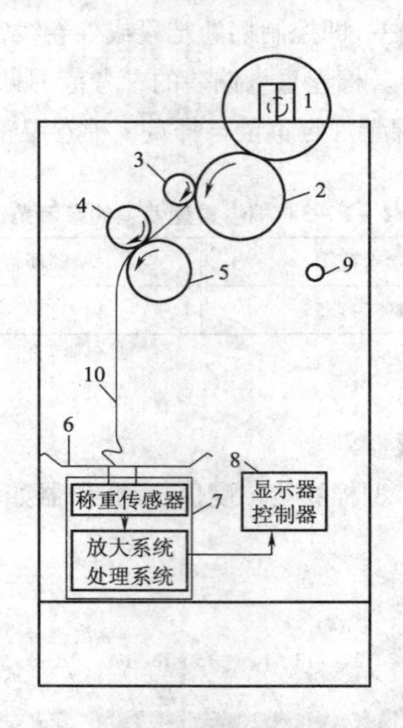

图 1－1－3　棉卷均匀度仪结构

1—棉卷架　2—棉卷罗拉　3—压辊　4—上导辊　5—下导辊　6—称量盘
7—电子天平　8—称重显示器　9—日光灯　10—棉层

离合器另与踏脚板用连杆连接，每踏一次，离合器齿轮 T_2 重新与 23^T 结合而带动棉卷罗拉转动一转。

Y201L 型棉卷均匀度仪附有专用电子秤用于棉层称重，用 LED 数码管显示实测重量，最大称重为 5000g，最小读数为 1.0g。

三、Y802K 型通风式快速烘箱

目前执行的 GB/T 9995—1997《纺织材料含水率和回潮率的测定　烘箱干燥法》对烘箱有着比较严格的规定。烘箱应为通风式烘箱，通风形式可以是压力型或对流式；具有恒温控制装置，烘燥全过程式样暴露处的温度波动范围为 ±2℃；试样不受热源的直接辐射；烘箱应便于空气无阻碍地通过试样，接近试样处的气流速度应大于 0.2m/s，最好不超过 1m/s；换气速度即每分钟内供应的空气量至少应为箱内空气体积的四分之一。

当前，由于快速通风烘箱尚未普及应用，仍有相当数量的普通烘箱在使用，两者在结构、烘测机理、烘测时间上有一定的差异。

普通烘箱（Y802N 型）采用箱体底部有送风孔（新风孔）、箱体上部有可以调整大小的排风孔、其内部有转篮架和保持箱内空气温度均匀的小风机；通风方式采用自然空气热对流排风（对流式）。利用加热体使空气介质加热，然后通过干热空气的热源加热纤维和纤维中的水分子，通过冷热空气的自然对流使纤维中的水分子增加动能，从而达到水分子脱离纤维表面作用并被排除箱体的目的。

Y802K型通风式快速（图1-1-4）烘箱采用箱体底部沿风机轴孔送入新风。箱体上部有可以调整大小的排风孔，箱体底部有加热体和离心风机。在离心风机的作用下强迫干热风通过试样表面，利用加热体产生热量，通过空气介质的作用来加热棉纤维中的水分子，使其增加动能，让水分子自然脱离棉纤维，然后利用冷热空气的快速对流将棉纤维中的水分子排出箱外，以达到烘干试样的目的。新空气的补充是利用离心风机产生的负空气压力来达到的（压力型）。因此，换气量大，烘干棉纤维的速度快。

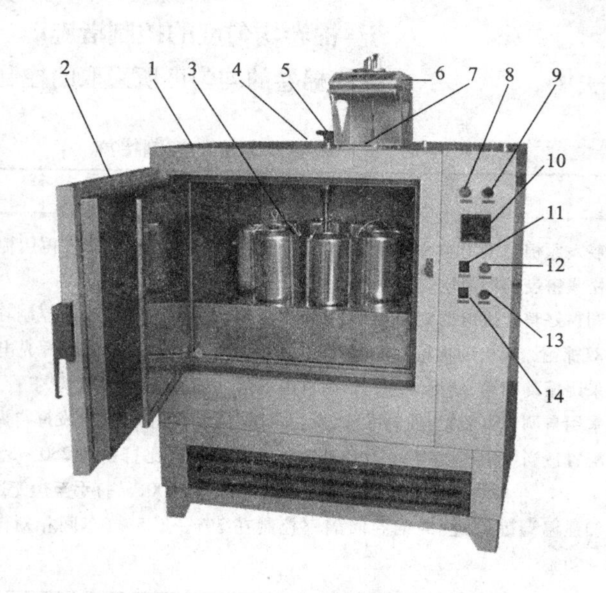

图1-1-4　Y802K型通风式快速烘箱

1—烘箱主体　2—双层烘箱门　3—八只烘篮　4—排出气阀　5—转篮手柄　6—电子天平　7—观察窗　8—工作指示灯　9—超温指示灯　10—温控器　11—电源开关　12—烘燥启动　13—烘燥停止　14—照明开关

由于快速烘箱箱体内的风速较大，使得热空气在箱体内得到了充分的混合，箱体内的温度更均匀，主要表现在四角温度和上下层温度的均匀性。Y802K型快速通风烘箱采用的是强迫箱体内的空气流动，迫使箱内空气快速通过试样和烘箱加热体，也使得烘箱的加热速度有相应的提高，再加上应用了精密超温数字控制，具有超温断电自锁、定时报警功能等多项高新技术，测试重量回潮率等数据可自动显示、打印报告，测试时间为10～40min。

将称取的部分棉纤维通过通风式快速烘箱烘干，在箱体内对试样进行称重。

四、电子天平

电子天平的最大量程应超过取试样及容器重量之和，天平示值最小读数 $d \leq 0.01$g。常用的天平有机械式天平和电子天平两类。电子天平一般采用磁阻尼，具有操作迅速、数码管显示、

图 1－1－5　电子天平

读数方便、无刀口磨损、使用寿命长等优点，且多数具有清零去皮重装置和留有打印机接口，电子天平可具有较高的精度，并有自动校正、报警、量程转换及打印报告等功能。棉纺试验常用的国产电子天平型号有 QD 系列、MP200 系列、XY2000 系列、HD 系列等。

从被检测的棉卷中随机称取 50g 作为试样，检测棉卷的回潮率。

五、棉卷均匀度的控制措施

提高棉卷的均匀度所采取的控制措施见表 1－1－4。

表 1－1－4　提高棉卷均匀度的控制措施

质量项目	控制措施内容
提高正卷率和棉卷均匀度	1. 喂入原棉密度力求一致：紧包棉应预先松解；处理过的回花、再用棉必须打包后使用；棉包排列须将松紧密度的棉包均匀搭配 2. 调整好整套机组的定量供应：抓棉机、自动混棉机的运转率控制在 90% 以上（化纤在 80% 以上）；双棉箱给棉机的棉箱储棉量，经常保持 2/3，在棉箱中充分发挥光电管和摇栅作用，双棉箱的前棉箱采用振动棉箱，使棉纤维在箱内自由下落，棉层横向密度较均匀 3. 采用自调匀整装置：控制准确、反应灵敏、调节范围大，充分发挥自调匀整给棉作用 4. 配置适当风扇速度：FA141 型成卷机风扇转速应比打手快 250～350r/min，纺化纤应比纺棉快 10%～15%，尘笼与风扇通道的负静压应保持 250～300Pa，打手至尘笼通道保持负静压 20～50Pa 5. 加强温湿度管理：纯棉卷回潮率控制在 7%～8.5%，车间相对湿度夏季 55%～65%，冬季 50%～60%
减少棉卷疵点	1. 消灭棉卷破洞：要求棉卷开松度正常，回花混和均匀，尘笼吸风量充足和左右风力均匀，尘笼表面光洁，无飞花堵塞。棉卷定量不宜过轻，打手至天平罗拉隔距不宜过大 2. 改善棉卷纵向不匀：原棉需要混和均匀、开松度好、回花不能回用过多。棉箱机械要出棉均匀、储量稳定、天平曲杆调节灵敏，输棉风力要求均匀充足 3. 降低棉卷横向不匀：要求尘笼风力横向均匀、风力充足；打手前面补风要左右均匀和出风通畅 4. 防止粘卷：注意原棉回潮率不能过高，回花、再用棉的回用量不宜过多；对棉层打击不宜过多，防止纤维损伤、疲劳、相互粘连；应安装防粘装置并采取防粘措施 5. 减少棉卷中的束丝：回潮率过高的原棉混用前要进行去湿处理，棉箱机械要减少返花，棉层打击数不能过多，堵塞车内掏出的束丝不能回用；输棉管道要光洁，吸棉风量要充足，棉流运行要畅通

任务实施

一、Y201L 型棉卷均匀度仪操作方法

（1）做好棉卷均匀度试验仪的清洁检查工作。

（2）放上棉卷，开亮日光灯，校正棉卷秤零位，并在托盘上按棉卷定量放上近似重量的砝码对棉卷秤进行校验，校验结束后，取下砝码。

(3)启动均匀度试验仪,使棉层头端送入压辊及棉卷罗拉之间,并用生头板将棉层嵌入上下导辊间(注意不可用手指操作),将棉层按设定长度切断落入电子秤称盘,电子秤可直接将棉层称重、显示并记录。

(4)棉层头末段不足1m者,只量长度,不计重量。量长度应自平齐处量起。

(5)测试过程中,应同时注意观察棉层有无破洞及严重厚薄不匀等不正常情况,以便及时通知检修。如有特殊需要,可在棉卷罗拉齿轮上均匀地加装2只或3只凸钉,用以测试1/2m或1/3m片段长度的重量不匀率。

(6)结合棉卷重量不匀率试验,取棉卷中部10段(每段长1m),用棉卷横向三等分活页铰链工具(图1-1-6),其每页样板宽度均等于1/3棉卷宽度(差异应小于3mm),沿棉卷横向宽度对准样板,再将两边样板折叠到中段样板后,将棉卷沿中段两边撕裂。

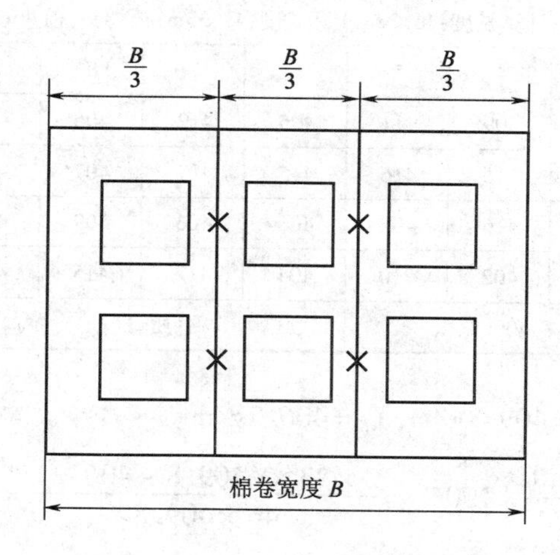

图1-1-6　棉卷横向三等分活页铰链工具

为了撕裂整齐,中段样板两边可装上旧的梳棉机斩刀片,然后按左、中、右三段棉卷分别称重。

(7)从测过的棉卷中随机抽取棉块,用电子天平称取50g。

(8)将试样放入Y802K型通风式快速烘箱的称重容器内,105℃温度烘燥大约40min。

(9)关断烘箱的气流,称重精确至0.01g。非标准大气下测得的数据需要修正。

二、试验数据的计算

(1)按平均差系数公式计算棉卷每米重量不匀率H。

$$H=\frac{2n_1(\overline{X}-\overline{X}_1)}{n\overline{X}}\times 100\%$$

式中:n——试样数;

n_1——小于$\overline{X}$的试样数;

$\overline{X}$——试样测试结果的平均值;

$\overline{X}_1$——小于$\overline{X}$的试验数据的平均值。

(2)计算横向三段平均重量或左右两段平均重量对中段平均重量的比值，也可以用平均差系数公式，计算30段横向重量的不匀率。

(3)回潮率：

$$回潮率 = \frac{试样湿重 - 试样干重}{试样干重} \times 100\%$$

三、检测数据及控制

采用Y201L型棉卷均匀度仪对棉卷进行检测，得出如下数据。

1. 棉卷重量不匀率测试数据(表1-1-5)

表1-1-5 棉卷重量不匀率测试数据

品种：JC9.7tex；实际卷重：21.12kg；计算长度：46.2m；实际长度：47.33m；棉卷头：前46cm、后87cm

序号	1	2	3	4	5	6	7	8	9	10	11	12
棉卷重量(g/m)	410	417	409	409	411	405	412	406	407	414	404	408
	410	410	415	416	416	415	407	407	416	414	414	416
	406	412	400	416	402	406	406	409	406	409	408	407
	407	412	408	402	410	404	412	415	411	418		
平均质量(g/m)			409.8			总质量(g)				18849		

由于：$n = 46, n_1 = 23, \overline{X} = 409.8\text{g/m}, \overline{X}_1 = 406.2\text{g/m}$。

则：$$H_{重量} = \frac{2n_1(\overline{X} - \overline{X}_1)}{n\overline{X}} \times 100\% = \frac{2 \times 23 \times (409.8 - 406.2)}{46 \times 409.8} \times 100\% = 0.88\%$$

2. 棉卷横向不匀率测试数据

测试第21～第30段的棉卷横向均匀度(表1-1-6)。

表1-1-6 棉卷横向不匀率测试数据

棉卷测试段	21			22			23			24			25		
序号	1	2	3	4	5	6	7	8	9	10	11	12	13	14	15
1/3棉卷重量(g/m)	139.0	138.1	138.9	138.5	137.1	138.4	138.3	137.3	138.4	138.9	138.3	138.8	135.6	135.0	135.4
棉卷测试段	26			27			28			29			30		
序号	16	17	18	19	20	21	22	23	24	25	26	27	28	29	30
1/3棉卷重量(g/m)	137.8	136.6	137.6	133.4	133.1	133.5	138.9	138.5	138.6	134.3	133.5	134.2	135.4	135.1	135.5

由于：$n = 30, n_1 = 13, \overline{X} = 136.73\text{g/m}, \overline{X}_1 = 134.66\text{g/m}$。

则：$$H_{横向} = \frac{2n_1(\overline{X} - \overline{X}_1)}{n\overline{X}} \times 100\% = \frac{2 \times 13 \times (136.73 - 134.66)}{30 \times 136.73} \times 100\% = 1.31\%$$

虽然，经过测试，棉卷的重量不匀率符合要求，但发现重量极差较大。横向不匀率不符合要求，并且横向检测中发现中间部分相对较轻，这可能是尘笼在凝棉的过程中出现了横向的不匀。为此，实际生产中，通过提高抓棉机的运转效率、加强轴流式开棉机及清棉机的开松作用，并对尘笼的风力进行了调整，使风力横向均匀、风力充足。整改后，重新测试的棉卷重量不匀率为0.56%，横向不匀率为0.83%。

3. 棉卷伸长率测试数据（表1-1-7）

表1-1-7　棉卷伸长率测试数据

项　目	测试值	
	机台3	机台4
计算长度（m）	46.2	46.2
实际长度（m）	47.33	47.88
伸长率（%）	2.45	3.64

其中：

$$\text{棉卷伸长率}=\frac{\text{棉卷实际长度}-\text{棉卷计算长度}}{\text{棉卷计算长度}}\times100\%$$

4. 棉卷回潮率

试样烘干前的质量：50g；烘干后的干重：46.51g。

$$\text{回潮率}=\frac{\text{试样湿重}-\text{试样干重}}{\text{试样干重}}\times100\%=\frac{50-46.51}{46.51}\times100\%=7.5\%$$

考核评价

本任务的考核按照表1-1-8进行评分。

表1-1-8　考核评分表

项　目	分　值				得　分
棉卷均匀度仪操作	40（按照步骤操作，少一步骤扣2分）				
数据记录及分析	30（按照要求进行记录，对数据进行计算及分析，少一项扣3分）				
质量控制	30（根据数据分析提出提高棉卷均匀度的整改措施）				
书写、打印规范	书写有错误一次倒扣4分，格式错误倒扣5分，最多不超过20分				
姓名		班级		学号	总得分	

思考与练习

棉卷重量不匀率超过1.5%，分析原因，并提出解决方案。

任务2　棉卷含杂率的检测与控制

学习目标

1. 掌握棉卷含杂率的控制范围。
2. 熟悉原棉杂质分析仪的结构组成及操作方法。
3. 掌握棉卷含杂率的检测数据计算与分析。
4. 掌握棉卷含杂率的质量控制措施。

任务引入

试按照生产规程，检查任务1中棉卷的含杂率。

任务分析

棉卷含杂率用YG 041型原棉杂质分析仪检验，有条件的企业可用AFIS PRO纺织工艺过程控制系统进行检测，该型仪器输出信息量大，能客观地检测棉卷中的杂质。

一般在当遇到不合格情况时，需要操作人员及时调整相关参数以改善棉卷质量。

相关知识

一、棉卷含杂率检测项目及控制范围

棉卷含杂率的检测是按照GB/T 6499—2007《原棉含杂率试验方法》的规范进行棉花杂质含量的检验。

$$棉卷含杂率 = \frac{试样所含杂质质量}{试样质量} \times 100\%$$

棉卷含杂率与原棉含杂率之间的具体关系见表1-2-1。

表1-2-1　棉卷含杂率与原棉含杂率之间的关系

原棉含杂率(%)	1.5以下	1.5~2.0	2.0~2.5	2.5~3.0	3.0~3.5	3.5~4.0	4.0以上
棉卷含杂率(%)	0.9以下	1~1.1	1.2~1.3	1.3~1.4	1.4~1.5	1.5~1.6	1.6以上

各品种、各机台每周至少试验1次，每次取棉卷外层若干纤维，略多于100g，放入取样筒中。棉卷含杂率试验可结合棉卷重量不匀率或开清棉机落棉试验取样试验。

二、原棉杂质分析机

棉卷重量不匀率常用 YG041 型原棉杂质分析仪检测，仪器如图 1－2－1 所示，其侧面结构如图 1－2－2 所示。在使用 YG041 杂质分析仪进行检测时，每天每个品种的棉卷试验一次，每种试样取 100g。

图 1－2－1　YG041 型原棉杂质分析仪

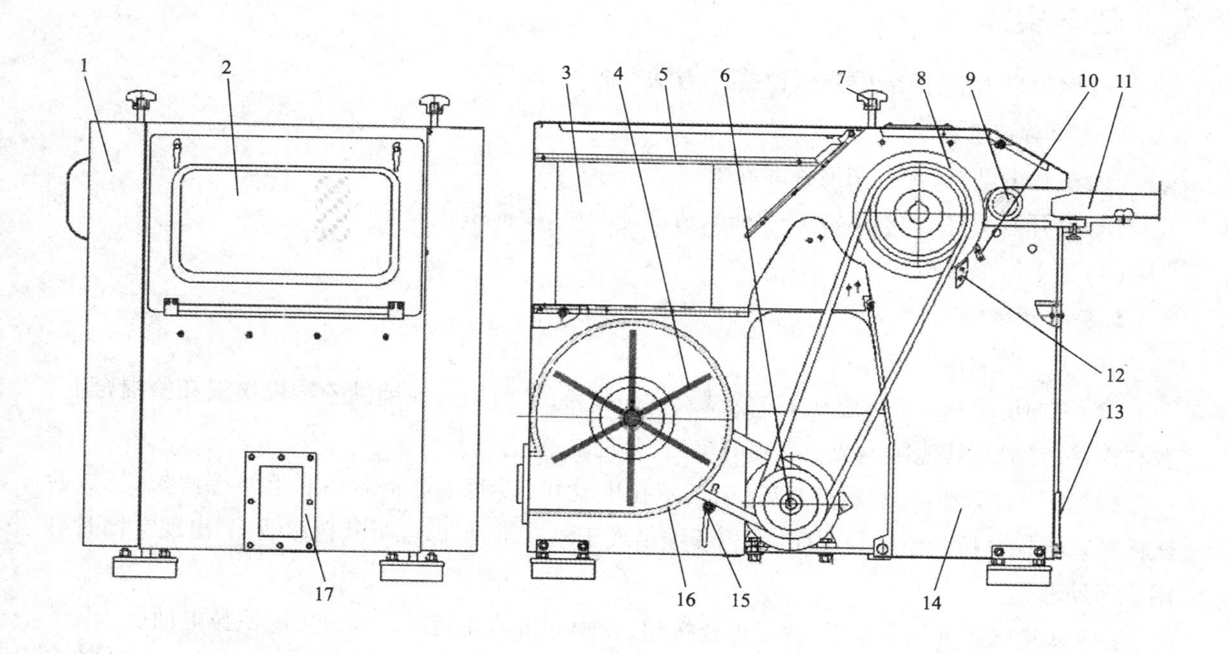

图 1－2－2　原棉杂质分析仪结构

1—机罩　2—后门　3—净棉箱　4—风扇　5—集棉网板　6—电动机　7—压力调节手柄　8—刺辊　9—罗拉　10—除尘刀　11—给棉盘　12—流线板　13—前门　14—杂质箱　15—电动机调节螺栓　16—风筒　17—出风口

三、棉卷含杂率的控制措施

减少棉卷含杂率的控制措施见表1-2-2。

表1-2-2 棉卷含杂率的控制措施

质量项目	控制措施内容
充分发挥除杂效率	1. 防止原棉的疵点碎裂数量增加：纱布的外观疵点来源于原棉中的带纤维籽屑、软籽表皮、僵瓣等细小杂质。它们经开清棉处理打击后未能清除，反有碎裂的情况出现，所以棉卷中的疵点多数比原棉中的含量多，因此在加工过程中要求尽量减少疵点碎裂，争取棉卷中疵点的含量不超过原棉疵点数的30% 2. 配置合理的工艺：每批混棉中各种原棉的含杂率和要求基本接近，个别含杂率过高的原棉要经过预处理方可混用，必要时在清梳工序单独处理，然后棉条混棉根据原棉含杂颗粒大小调整尘棒隔距，使杂质尽量早落，减少碎裂。大隔距排除粗大杂质时，应采用较大补风，便于部分有效纤维回收。采用小隔距排除细小杂质时补风量应减小，必要时可不补风，以防细小疵点回收；提高棉箱机械的运转率，促使棉块多松、薄喂，多用自由打击、开松缓和、杂质碎裂减少，有助于提高除杂效率 3. 减少棉结：棉结大多是由薄壁纤维凝聚成团而成，对纤维的摩擦愈多，棉结的数量增加越多。因此减少棉结应从减少对纤维的摩擦着手；要求开清棉主要部件和输棉通道光洁畅通，包括角钉帘、帘棒、刀片、尘棒、罗拉、尘笼等部件光滑清洁，保证棉流运行畅通；提高棉箱机械剥棉罗拉的剥棉效率，剥棉的比值保持2以上，保证棉块出棉通顺，减少翻滚减少返花

任务实施

一、YG041型原棉杂质分析仪操作方法

1. 操作前的准备

(1)检查电动机转向，调整各部隔距。

(2)打开照明灯，开机运转1~2min，清洁杂质箱、净棉箱和给棉台。

(3)装上给棉接板。

2. 操作方法

(1)关上前后门和进风网。

(2)将50g、100g(精确至0.1g)的试验试样撕松，平整均匀地铺满于给棉接板和给棉台上。遇有棉籽、籽棉及其他粗大杂质应随时拣出，并记录。

(3)按下启动按钮，运转正常后，启动罗拉电动机，以两手手指微屈靠近给棉罗拉，把试验试样喂入给棉罗拉与给棉台之间，待棉纤维出现于净棉箱时，即可听其自然喂棉，出现空档时可用手帮助喂棉。

(4)试验试样分析完毕后，按下停止按钮，刺辊即可停止运转。同时关闭罗拉电动机。

(5)刺辊停转后由净棉箱取出第一次分析后的全部净棉，纵向平铺于给棉接板与给棉台上，按第一次分析步骤[重复(3)、(4)]作第二次分析，然后取出全部净棉。

(6)关机收集杂质盘内的杂质。注意收集杂质箱四周壁上、横档上、给棉接板与给棉台上的全部细小杂质。如杂质盘内落有小棉团、索丝、游离纤维，应将附在表面的杂质抖落后拣出。

(7)将收集的杂质与拣出的粗大杂质合并后,用天平称量,精确至0.01g。

(8)从称试验试样质量到称杂质质量这段时间内,室内温湿度应保持相对稳定。

二、试验数据的计算

$$含杂率=\frac{试样中含杂的质量}{试样质量}\times 100\%$$

三、检测数据与控制

采用YG041型原棉杂质分析仪检验棉卷含杂率。

取棉卷的外层纤维,试样重100g。经YG041型原棉杂质分析仪对试样的处理,称取杂质的质量为1.42g。原棉的含杂率为2.3%。

$$棉卷含杂率=\frac{试样所含杂质质量}{试样质量}\times 100\%=\frac{1.42}{100}\times 100\%=1.42\%$$

根据表1-2-1可知,棉卷含杂率超过控制范围,并且在落杂中发现有棉籽的出现。

整改措施:首先对抓棉机的相关工艺参数进行了优化,打手刀片伸出肋条距离由原来的2.5mm减小为1mm;另外,加大了相关设备的除杂,双轴流开棉机的尘棒间隔距由原来的9mm增加为10mm,这样可以使大杂尽量早落,并能减少其碎裂。FA106A型梳针滚筒开棉机的尘棒之间隔距由原来的15mm、10mm、7mm改为16mm、11mm、7mm,同时加大了补风,回收部分纤维。

整改后,重新测试棉卷的含杂率为1.21%。

考核评价

本任务的考核按照表1-2-3进行评分。

表1-2-3　考核评分表

项　目	分　值					得　分	
原棉杂质分析仪操作	50(按照步骤操作,少一步骤扣2分)						
数据记录及分析	20(按照要求进行记录,对数据进行计算及分析,少一项扣2分)						
质量控制	30(根据数据分析提出减少棉卷含杂率的整改措施)						
书写、打印规范	书写有错误一次倒扣4分,格式错误倒扣5分,最多不超过20分						
姓名		班级		学号		总得分	

思考与练习

分析棉卷的含杂率过高的原因,并提出解决方案。

知识拓展

一、开清棉机落棉试验

了解开清棉机落棉的数量和落棉中落杂的多少，计算其除杂效率，由此分析开清棉机工艺处理和机械状态是否适当，以达到提高质量、节约用棉的目的。

（一）试验周期

每季各机台、各品种棉卷至少轮试 1 次；配棉成分变动或工艺调整较大时，应随时增加试验。

（二）试验方法

（1）将试验机台停止喂棉，出清各机落棉和飞花。

（2）在各落杂区铺入备盛落棉的牛皮纸或塑料布。配置自动吸落棉装置的必须将吸管堵塞、关闭或装丝网隔离后测试。

（3）将抓棉机或混棉机机台的棉包按规定的配棉成分排好或混好。

（4）开车，待做到一定数量的棉卷后（一般不少于 10 只棉卷），即停止喂棉，但继续开车。棉卷需逐只称重，做好记录。

（5）停车，出清各机落棉，并逐一称重，然后取样作落棉分析。各种唛头的原棉和棉卷也分别取样。

（6）将落棉、原棉、棉卷试样经 YG041 型原棉杂质分析机处理分析，得出各机落棉含杂重量和含纤维重量。

试验时应预先做好台秤校正、取样筒等准备工作，严格执行安全操作规定；打手室进风状态应按规定开闭。

（三）试验数据计算

试验数据可填入记录表 1－2－4 中，计算有关指标。

表 1－2－4　开清棉机落棉试验数据表

卷别		车号		项目 棉名	品　级	含杂率（%）	回潮率（%）	混用百分比（%）
日期		班别						
喂入重量（g）								
制成重量（g）								
原棉平均含杂率（%）								
棉卷含杂率（%）								

项　目 机械名称	落棉重量（g）	落棉率（%）	落棉含杂率（%）	落棉含纤率（%）	落杂率（%）	除杂效率（%）
抓棉机						
开棉机						
多仓混棉机						

续表

机械名称＼项目	落棉重量（g）	落棉率（%）	落棉含杂率（%）	落棉含纤率（%）	落杂率（%）	除杂效率（%）
除微尘机						
清棉机打手1						
清棉机打手2						
总　计						

表1－2－4中的项目数据可用以下公式计算。

$$\text{喂入重量}=\text{试验棉卷总重量}+\text{落棉总重量}+\text{回花总重量}$$

$$\text{制成重量}=\text{试验棉卷总重量}+\text{回花总重量}$$

$$\text{原棉平均含杂率}=\sum(\text{各唛头原棉含杂率}\times\text{混用比例})$$

$$\text{总落棉率(统破籽率)}=\frac{\text{总落棉重量}}{\text{喂入重量}}\times 100\%$$

$$\text{某机(部分)落棉率}=\frac{\text{某机(部分)落棉总重量}}{\text{喂入重量}}\times 100\%$$

$$\text{落棉含杂率}=\frac{\text{落棉试样所含杂质重量}}{\text{落棉试样重量}}\times 100\%$$

$$\text{落棉含纤维率}=\frac{\text{落棉试样所含纤维重量}}{\text{落棉试样重量}}\times 100\%$$

$$\text{某机(部分)落杂率}=\text{某机(部分)落棉率}\times\text{落棉含杂率}$$

$$\text{总除杂效率}=\frac{\sum\text{各机落杂率}}{\text{原棉平均含杂率}}\times 100\%$$

$$\text{某机(部分)除杂效率}=\frac{\text{某机(部分)落杂率}}{\text{原棉平均含杂率}}\times 100\%$$

如有特殊需要，尚可计算下列指标，并手拣分析落棉中含杂内容。

$$\text{制成率}=\frac{\text{制成棉卷标准含水率重量}}{\text{喂入原棉标准含水率重量}}\times 100\%=\frac{\text{制成棉卷干重}}{\text{喂入原棉干重}}\times 100\%$$

$$\text{原棉(棉卷)标准含水率重量}=\frac{\text{原棉(棉卷)的实际重量}\times(1-\text{实际含水率})}{1-\text{标准含水率}}$$

$$\text{原棉(棉卷)干重}=\text{原棉(棉卷)的实际重量}\times\frac{1}{1+\text{实际回潮率}}$$

$$=\text{原棉(棉卷)的实际重量}\times(1-\text{实际含水率})$$

$$\text{总风耗率}=1-(\text{制成率}+\text{总落棉率})$$

$$\text{落棉中可用纤维率}=\frac{\text{落棉中可用纤维重量}}{\text{落棉重量}}\times 100\%$$

二、杂质检测的其他方法

杂质是指棉花中的非纤维性物质。棉花在其自然生长、采摘、储备、运输及加工的过程中由于各种原因而不可避免的含有各种杂质,这些杂质不仅影响到原棉的质量和价格,而且对棉纺织企业的生产和经济效益影响也很大。我国现行棉花标准中规定,用含杂率表示棉花中杂质含量,并且作为棉花公量检验的指标之一,其结果采用样品中的杂质质量占样品质量的百分率来表示。因此,我国制定了 GB/T 6499—2007《原棉含杂率试验方法》来规范棉花杂质含量的检验。该试验方法规定采用的检测仪器为原棉杂质分析机,在 20 世纪 90 年代,又陆续从国外引进了性能先进的 HVI 棉纤维大容量测试系统和 AFIS PRO 纺织工艺过程控制系统(当初的名称是单纤维测试系统),使得棉花杂质含量检验手段更为科学化。

(一)HVI 棉纤维大容量测试系统

HVI 是棉纤维大容量测试系统英文名称 High Volume Inspenction 的缩写,该测试系统由美国 Spinlab 公司和 MCI 公司于 1968 年研制成功,目前为瑞士 Zellweger Uster 公司所有,目前市场上的主流产品是 HVI CLASSING、HVI SPECTRUM 两种型号,现在又推出 HVI1000 型(图 1 -2 -3)。

图 1 -2 -3　HVI1000 型棉纤维大容量测试系统

HVI SPECTRUM 能测量长度、长度整齐度、短纤维指数、强力、伸长率、马克隆值、色泽等级和杂质;此外,它还有测量棉纤维的成熟度和含水率的功能,并可把 NEP TESTER 720 棉结测试仪和 UV 仪集成在一起;还能按国际贸易标准,在很短时间内完成对棉包棉样的分析,并加以评等评级。完全自动化的设计使得棉花采购和日常的配棉管理非常简单易行。

HVI SPECTRUM 系统由长度模块、强力模块、马克隆模块、颜色模块、杂质模块等五个独立模块组成(表 1 -2 -5)。在整个测试过程中无任何人为因素,取样完全自动化,操作方便快捷,结果准确可靠;测试工作效率高,测试一只试样只需 20 ~30s。由于应用了计算机系统提高了单机自动化水平,扩大了测试指标内容,并可提供照影仪曲线以及长度整齐度指数和短纤维指数,较综合全面地反映长度分布情况,其中 HVI SPECTRUM 通过推导经验公式提供了可纺一致性指标 SCI,为配棉和后道产品质量提供了有价值的信息。

表 1-2-5　HVI SPECTRUM 棉纤维大容量测试系统的三种不同配置

仪器名称	组件/软件
HVI SPECTRUM	长度、强度,马克隆,成熟度和含水率模块;报告,棉包管理和质量一览图软件
HVI SPECTRUM Ⅰ	长度、强度、马克隆、成熟度、含水率,色泽和杂质模块;报告,棉包管理和质量一览图软件
HVI SPECTRUM Ⅱ	长度、强度、马克隆、成熟度、含水率,色泽和杂质模块;增加了样品站、用于大容量测试;报告,棉包管理和质量一览图软件

在 HVI 系统上,棉样的杂质和颜色的测量是在同一测试模块(颜色/杂质模块)上同时进行的,杂质含量测量采用 CCD 摄像技术和数字图像处理技术相结合的方法,压紧装置将棉样压在玻璃测试窗口上,在测试窗口下方装有两个双滤光色度仪发射白光光束,并呈 45°照射到棉样上。位于测试窗口正下方的高分辨率黑白 CCD 摄像头对棉样表面进行扫描获取图像数据并传输到与之相连的计算机中去,如果图像中某处的灰度超过了设定的极限值,则该处就被认为是杂质并对其计数。

1. HVI 测试系统杂质模块工作原理

在一定照度下,用一个 CCD 摄像头扫描棉样,取得表面图像,按照设定的界限值区分图像的明暗部分,所有比界限值低的部分都视为杂质,使用计算机图像处理技术,识别出棉样表面的杂质颗粒,并计算出面积百分率。

2. HVI 测试系统杂质模块的工作流程

压板以不低于 445N 的压力压在棉样上,光线照射在厚度为 5cm 左右的棉样表面时,摄像头根据预设的亮度、对比度、图像面积,拍摄棉样表面的图像,并由计算机根据预设参数分析后得到杂质粒数、杂质面积百分率,再根据预设定义得出杂质等级(美棉标准中的杂质等级)。

3. HVI 测试系统杂质模块的测试结果

扫描完成后由仪器分析数据并给出下列 3 项测试结果。

(1)杂质数量:在整个测量面积上杂质颗粒的数目。

(2)杂质面积:杂质面积占整个面积的百分率。

(3)杂质等级:使用标准棉样对 HVI 测试系统进行校准之后所确定的杂质或叶屑等级。该等级一般为 1~7 级,杂质含量随等级的增大而增大。若采用美国农业部的杂质标准棉样校正,则所测得的杂质等级和美国农业部的标准一致。

4. HVI 测试系统在使用过程中出现的问题

HVI 测试系统测量棉花含杂率是以美棉为基础的,这对其他国家的棉花不一定适用,美棉含叶屑多,破籽和不孕籽少,这样用杂质叶屑面积相对大小表示含杂率较为合理。我国棉花一般为手工采摘,含叶屑少,而不孕籽和破籽较多,用杂质面积表示含杂率就不合理,存在一定的局限性。

(二)AFIS PRO 纺织工艺过程控制系统

瑞士 Zellweger uster 公司美国分公司生产的 AFISPRO 纺织工艺过程控制系统是在"HVI 系统"的基础上为了能更安全、更精确地测量棉纤维性能而开发出来的测量仪器。目前的产品型号是 AFISPRO。“AFISPRO”中的“AFIS”是 Advanced Fiber Information 的缩写,“PRO”表示仪器由模块结构组成。基本单元“AFIS” 可以与一个或多个模块结合构成测试系统。该系统共有 N 模块(测试棉结数量、棉结种类和大小)、L&M 模块(测试纤维长度和成熟度)、T 模块(测试纤维中异物、杂质、微尘的大小和数量)、Multidatd 模块(同时测试棉结、杂质、微尘、纤维长度和成熟度)、Autojet 模块(自动把试样送入仪器,使操作人员同时可做其他工作)等组成,可直接快速地测试原棉直至粗纱等前纺半制品棉样中棉纤维的根数型“L(n)%”的长度分布,重量型“L(w)%”的长度分布;并对纤维直径、纤维中的棉结、杂质数量分类统计,提供被测棉样的 18 项技术指标(表 1-2-6);仪器还配备有质量一览图和内置的纤维特性 Uster 统计值。

表 1-2-6 AFIS PRO 单纤维测试系统测试指标和名称

序号	测试技术指标	名称
1	Nep [Cnt/g]	每克棉结数
2	Nep [μm]	棉结直径
3	SCN [Cnt/g]	每克籽棉数
4	SCN [μm]	籽棉直径
5	L(w) [mm]	重量平均长度
6	SFC(w) % <16.0	重量短绒率
7	UQL(w) [mm]	重量平均 1/4 长度
8	L(n) [mm]	数量平均长度
9	SFC(n) % <16.0	数量短绒率
10	5.0% [mm]	5%纤维跨距长度
11	Fine mtex	细度
12	IFC [%]	不成熟纤维含量
13	Mat Ratio	成熟度
14	Total[Cnt/g]	杂质、微尘总量
15	Mean Size	平均尺寸
16	Dust[Cnt/g]	每克微尘数
17	Trash[Cnt/g]	每克杂质数
18	VFM [%]	可见异物率

1. AFIS PRO 纺织工艺过程控制系统的配置组成

仪器由单纤维分离器、光电检测机构、主控制单元及外设设备等组成。

(1)单纤维分离器由纤维分离单元、纤维输送单元组成。纤维分离单元由喂入罗拉、胶圈、固定分梳板、给棉板、分梳刺辊等组成。依靠高速旋转的刺辊产生的离心力和刺辊与固定分梳板间分梳力的双重作用下,杂质与棉纤维分离并使棉纤维充分梳理。

纤维输送单元由真空泵、流量控制阀、压力计、管道、储棉箱等组成。该单元的作用是通过气流加速力使纤维伸直平行并牵伸分解为单纤维状态，再将带有棉结的杂质和分离的杂质分别输送到各自的传感器，经过传感器的检测后送入储棉箱。

(2)光电检测机构由接收纤维和接收杂质的两只光电传感器组成，如图1－2－4所示。其根据纤维经过电源时，由遮光量产生不同的电压信号来反映棉结(杂质)的大小或纤维直径，再由遮光时间产生不同的时间信号来反映纤维的长度。纤维光电传感器检测棉结平均直径及数量、纤维长度直径、短绒率等测试指标；杂质光电传感器检测杂质的数量及平均直径等测试数据。

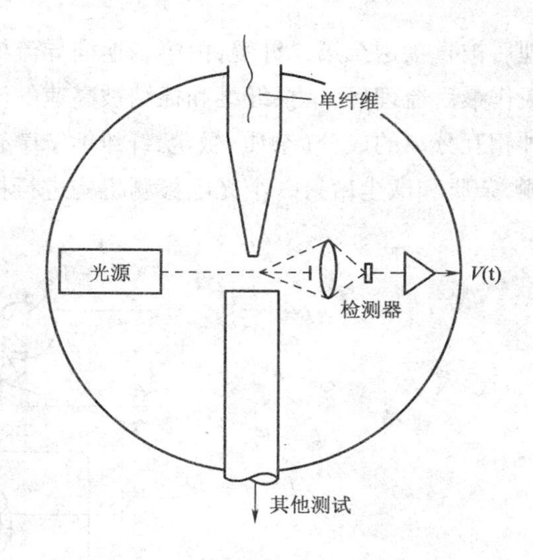

图1－2－4　AFIS PRO光电检测区流程图

(3)主控制单元由一台计算机及测试控制软件组成，主要完成人机对话、自检、校验、测试参数输入及测试过程控制，测试软件以Windows为平台。

(4)外设设备由一台测试棉样重量的电子天平、LCD彩色显示器和键盘、喷墨打印机组成，如图1－2－5所示。

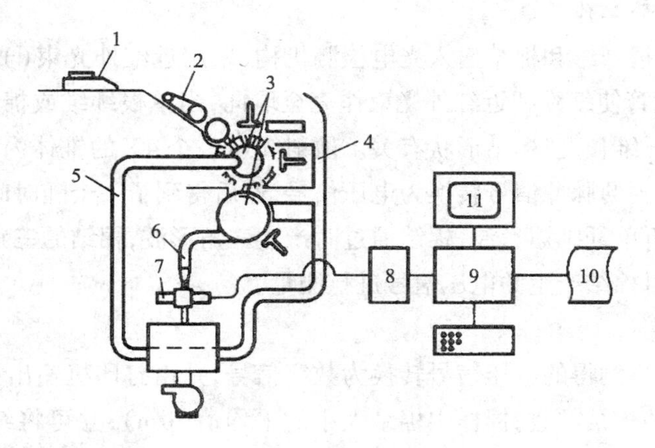

图1－2－5　AFIS PRO测试系统装置结构图

1—电子天平　2—输送装置和喂入罗拉　3—针辊　4—除杂通道　5—除微尘通道　6—加速喷管　7—光电传感器　8—电测信号量　9—计算机　10—打印机　11—显示器

2. 单纤维分离器的工作原理

将长30cm、重0.5g的棉条通过喂入罗拉进入多孔针辊，由于多孔针辊导气孔中气流的作用，使较重的杂质粒子在第一道逆向导流槽中与纤维、微尘分开，并排出分离器，进入除杂质管道。较轻的纤维和微尘在导流槽气流的作用下返回针辊。微尘在离心力的作用下被分离，并被抛入多孔针辊由套筒限制的区域内，进入除微尘管道。纤维在经过第一和第二固定梳理板的梳理后被直接送至第二针辊，由第二逆向导流槽去除其中残余的杂质，纤维在经过第三固定梳理板作最后梳理后，单根纤维和棉结被高速气流从第二针辊上剥取下来，如图1-2-6所示。三种相互分离的成分（杂质、微尘、纤维）有着不同的气流，单纤维和棉结由光电检测机构进行检测，杂质和微尘由另一个光电检测机构进行检测。

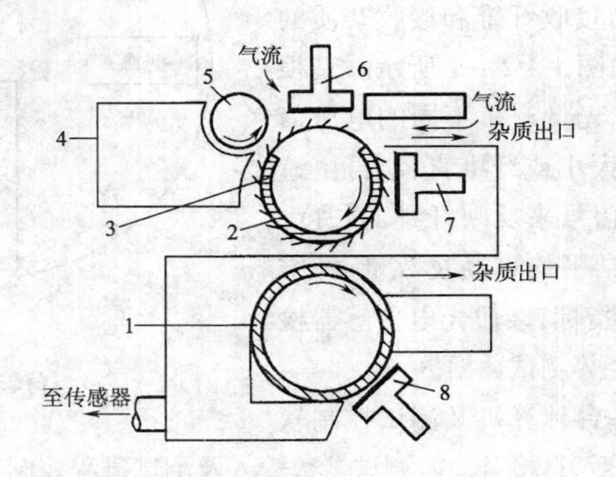

图1-2-6　AFIS PRO单纤维分离器示意图

1—第二针辊　2—套筒　3—多孔针辊　4—喂入板　5—喂入罗拉
6—第一分梳板　7—第二分梳板　8—第三分梳板

3. 光电检测机构的工作原理

由加速喷管将单根纤维和棉结送入光电检测机构，采用近红外光束（光束的波长落在近红外光波段内），加速喷管使纤维朝近红外光束作完全取向，当单根纤维或棉结在其中通过时，引起光散射，散射光与纤维长度、棉结形状有关。散射光至一个40°的锥体内，被聚集至光电传感器中，测量散射光，得到的脉冲信号转换为电压信号，然后得到了一个随时间波动的电压特征波形，用电子学方法分析单纤维矩形波，棉结通过时产生三角形波，棉结的三角形波的波幅数倍于纤维矩形波的波幅，对棉结产生的电压信号进行测量。

4. 主控制单元

借助计算机系统将测得的电压信号转换为数字信号，并由打印机输出：每个棉样(0.5g)的棉结粒数；每克棉样的棉结粒数；棉样中棉结大小的平均值(μm)；并可将纤维棉结和籽皮棉结（纤维与棉籽壳碎屑相互缠绕）分类；棉结的图形输出；棉结大小从100~200μm，分为20个等级，根据棉结大小和数目，用频率分布图表示。

5. AFIS PRO纺织工艺过程控制系统杂质测量单元的工作原理

AFIS PRO的杂质测量单元采用光电式检测（图1-2-7），纤维或杂质在高速气流的作用下经喷嘴装置进入测量区域。当纤维或杂质通过测量区域时，由于对光线的阻挡和散射作用，使光电传感器所获得的电压信号发生变化。再经过一系列处理后转换成数字信号，最后由计算机处理得出测试结果，测试结果包括每克试样中杂质和微尘的数目及其尺寸分布、可见杂质含量。

6. AFIS PRO纺织工艺过程控制系统在使用过程中出现的问题

AFIS PRO在分离棉纤维和杂质方面最为出色，它能将棉样梳理成单根纤维，从而将纤维和杂质彻底分离。AFIS PRO 不但能给出杂质含量,而且还能分析出杂质数目和尺寸分布。

图 1-2-7　AFIS PRO 纺织工艺过程控制系统

因此,AFIS PRO 在棉花含杂量检测方面可以说是目前最好的一种仪器。但 AFIS PRO 的最大不足之处就是其试样量太小(仅 0.5g),这样不仅无法达到大容量快速检测,而可能会使每次测量值之间的差异比较大,从而对整个的测试结果造成影响。

模块二　棉条的质量测试、分析与质量控制

纺织厂棉条质量检测包括4项内容：棉条重量不匀率、条干不匀率、棉结杂质、短纤维率的检测。通常来说，在纱线产品的生产过程中，棉条重量不匀率、条干不匀率的检测需要每周进行一次，棉结杂质、短纤维率的检测需要每月进行一次。

本项目分为三个任务，即棉条重量不匀率的检测与控制，棉条条干不匀率的检测与控制，棉条结杂、短纤的检测与控制。

任务1　棉条重量不匀率的检测与控制

学习目标

1. 掌握棉条重量不匀率的控制范围。
2. 掌握棉条重量不匀率的测试。
3. 熟悉棉条重量不匀率的控制措施。

任务引入

某厂生产JC9.7tex纯棉精梳纱，经过梳棉、精梳、并条工序后，分别生成生条、精梳条及熟条，在此，统称为棉条如图2－1－1所示。试按照生产规程，检查棉条重量不匀率。

图2－1－1　棉条

任务分析

检测棉条的重量不匀率主要是判断棉条定量是否准确、结构是否良好。棉条重量不匀率常用 Y301L 型条粗测长器测量。

一般在当遇到不合格情况时，需要操作人员及时调整相关参数以改善棉条质量。

相关知识

一、棉条重量不匀率检测项目及控制范围

1. 棉条重量不匀率

反映棉条纵向不匀，是棉条 5m 长度的重量差异，它影响细纱重量不匀率、重量偏差和细纱的定量。棉条重量不匀率通常以 5m 长为片段，称重后计算。

用国产 Y301L 型条粗测长器测长并称重后用下列公式计算：

$$\text{生条重量不匀率} = \frac{2 \times (\text{片段平均重量} - \text{平均以下片段平均重量}) \times \text{平均以下片段数}}{\text{片段平均重量} \times \text{实验总数}} \times 100\%$$

2. 控制范围（表 2－1－1）

表 2－1－1　棉条重量不匀率的控制范围

检测项目		有自调匀整	无自调运转
生条重量不匀率（%）	优	≤1.8	≤4
	中	1.8～2.5	4～5
	差	>2.5	>5
精梳条重量不匀率（%）		<0.6	
熟条重量不匀率（%）	纯棉特细特、细特纱	≤0.9	
	纯棉中特、粗特纱	≤1	
	涤棉	≤0.8	

二、条粗测长器

棉条重量不匀率常用 Y301L 型条粗测长器检测，仪器如图 2－1－2 所示，其检测原理如图 2－1－3 所示。在使用 Y301L 型条粗测长器检测时，一般每周每台梳棉机、精梳机至少试验 1 次，清梳联合机每日每台至少试验 1 次，并条机每班每眼不少于 1 次试验。

测长圆筒直径为 318.31mm，周长为 1m，可每次摇取一根或两根棉条。在测长器上设有数字显示器，可自动显示摇取长度。为了减轻劳动强度，并保持摇取速度的稳定均匀，可使用电动机传动的定长自停的 YG114 型条粗测长仪（图 2－1－4），如与电子天平及纺织专用打印机配置，还可以进行数据处理。5m 片段棉条采用电子天平进行逐段称重，数码显示实测重量，通常小数有效位数取 2 位。

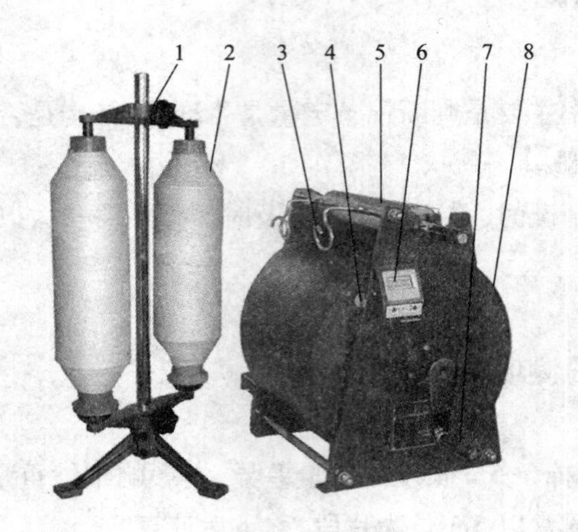

图 2－1－2　Y301L 型条粗测长仪

1—粗纱试样架　2—粗纱试样　3—导条器　4—起始点标记　5—压辊

6—计数器　7—摇动手柄　8—测长圆筒

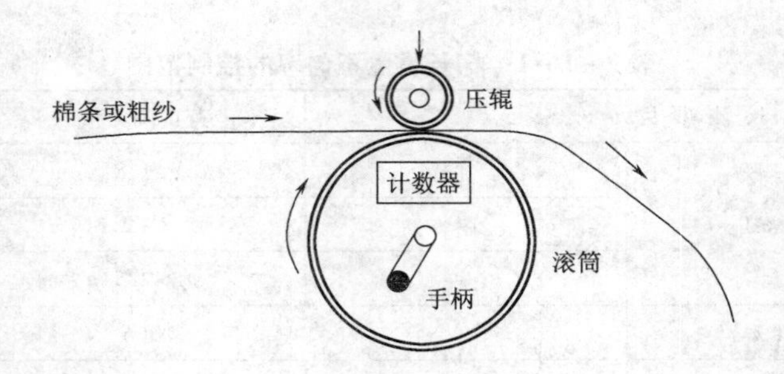

图 2－1－3　Y301L 型条粗测长仪检测原理

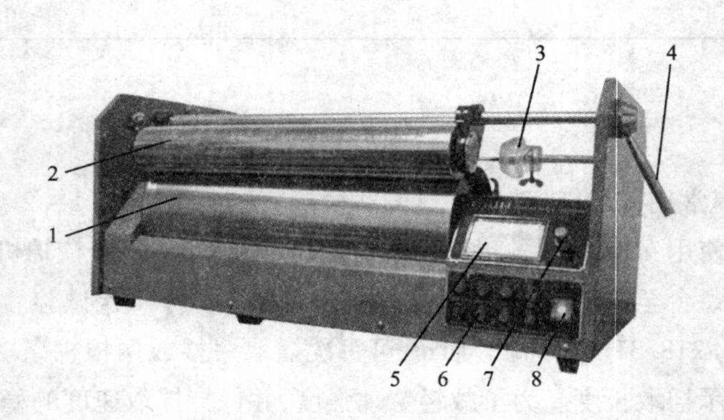

图 2－1－4　YG114 型条粗测长仪

1—测长圆筒　2—压辊　3—导条器　4—加压手柄　5—显示屏

6—指示灯　7—调节旋钮　8—开关

三、控制棉条重量不匀率的措施(表2-1-2)

表2-1-2　控制棉条重量不匀率的措施

项目		产生重量不匀率不达标的主要因素	控制棉条重量不匀率的措施
生条重量不匀率	上工序因素	1. 棉卷片段重量差异大 2. 粘卷、破洞、头码过厚、双层卷 3. 棉卷边缘不整齐、不均匀或太薄	改善棉卷品质,清除毛头卷、消除破洞,降低不匀率
	机械因素	1. 给棉罗拉轴承松动或罗拉弯曲过大 2. 给棉罗拉加压失效 3. 给棉传动不正常 4. 剥棉罗拉安装不良绕花 5. 针布状态不良(倒齿、倒针、损坏、毛糙、油污) 6. 大漏底积花或严重挂花	1. 调整或更换给棉罗拉,使其正常工作 2. 调整剥棉罗拉到正常位置 3. 修复、清洁针齿,使其达到良好的工作状态,严重至不可修复的结合平车调换针布 4. 做好清洁工作,抄净、清除积花、挂花 5. 按规定刷清大、小漏底,结合平揩车打光 6. 检查油箱,保证不漏油、不溢油
	操作因素	1. 换卷时搭卷过多或过少 2. 换卷时棉卷末尾一段未撕掉 3. 棉条接头不标准 4. 棉网部分飘动破裂或飘落	1. 按操作规定长度搭接棉卷 2. 按规定对棉卷末端进行处理 3. 棉条断头后拉净粗细条,并按操作规定接头 4. 加强巡回,及时处理棉网飘落
	工艺因素	1. 温湿度不适宜 2. 张力牵伸不适当 3. 道夫升速太快,变速失控,时快时慢 4. 机台间落棉存在差异	1. 调整车间温湿度 2. 调整张力牵伸 3. 修复道夫的变速控制装置 4. 调整工艺,统一各机台间的落棉率
精梳条重量不匀率		1. 台与台之间的落棉率不一样 2. 各部件间的隔距过大或过小 3. 齿轮的齿数大或小 4. 锡林、顶梳表面针齿损伤,有缺齿或倒齿 5. 换卷接头不良 6. 棉条接头不良 7. 锡林嵌花多,分梳作用差 8. 车间温湿度过低或过高	1. 定期试验精梳落棉率,及时对眼差、台差进行控制 2. 统一工艺,做到同品种同机型工艺一致 3. 同品种同机型的齿轮保持统一 4. 及时维修、保养锡林、顶梳针面,或更换针布 5. 按操作规程进行换卷的接头工作 6. 按操作规程进行棉条的接头工作 7. 按时清刷锡林、定期校正毛刷对锡林的插入深度 8. 控制好车间的温湿度
熟条重量不匀率	熟条重量不符标准	1. 牵伸变换齿轮调错或牵伸微调操作手柄制动位置搞错(FA306型、FA306A型) 2. 喂入棉条搞错 3. 断头自停装置失灵,后罗拉加压失效,喂入棉条有缺条或多条	1. 加强上机变换齿轮的检查 2. 加强检查,确保喂入棉条线密度准确 3. 加强巡视,保证喂入棉条根数的正确,检查牵伸机件并保证其运转良好

续表

项目		产生重量不匀率不达标的主要因素	控制棉条重量不匀率的措施
熟条重量不匀率	粗条	1. 棉条接头包卷过长或过紧(纺化纤时容易产生) 2. 棉条在喂入时有打褶现象 3. 牵伸变换齿轮用错 4. 后罗拉加压失效	1. 加强操作训练 2. 加强巡视,及时处理打褶棉条 3. 加强工艺上机检查 4. 加强设备部件检修
	细条	1. 喂入棉条缺根 2. 棉条接头包卷搭头太细或脱开 3. 前罗拉或前胶辊绕薄花 4. 清洁器吸风太大 5. 牵伸变换齿轮用错	1. 加强巡视,保证喂入棉条根数的正确 2. 加强操作训练 3. 加强设备部件检修 4. 适当配置吸风量 5. 加强工艺上机检查

任务实施

一、Y301L 型条粗测长器操作方法

(一)取样

梳棉机及精梳机的开台数在10台及以下的品种,每台至少取样2段,取样总段数不少于20段(每段5m);开台数在11~20台的品种,每台至少取样2段;21~40台的品种分2次取样;41~60台的品种分3次取样;开台更多时,依此类推。并条机的每眼至少取1段(每段5m);单眼、两眼并条机每台至少取2段。总试验段数应不少于10段。

(二)测试步骤

(1)将试样用手喂入测长圆筒与压辊间,对准测长圆筒起点记号,摘去起点前不完整的一段或用切刀切断。同一品种摇取的起始位置应保持一致(各品种可按不同纤维长度规定不同的起始位置)。人工摘头时不得移动压辊或将棉条拖动,且必须逐根摘断。

(2)按顺时针方向均匀地手摇测长圆筒5转后,对准起点,按上面同样的方法摘断棉条,然后依次绕成一团。一般规定每摇5m的时间为4s±0.5s。如有断裂或打结应重摇,不得补接。每次摇取棉条根数不得多于2根。

(3)将成团棉条按机号、眼别顺序排列,逐一称重。称重精确度10mg。

(4)从测过的棉条中随机抽取棉条,用电子天平称取50g,然后放入Y802K型通风式快速烘箱中进行烘干。

二、检测数据及控制

1. 棉条重量不匀率

采用Y301L型条粗测长器对棉条进行重量不匀率检测,得出如下数据(表2-1-3)。

表 2－1－3　棉条重量不匀率测试数据（梳棉机附有自调匀整装置）

序　号	1 号梳棉机					2 号梳棉机					3 号梳棉机				
	1	2	3	4	5	6	7	8	9	10	11	12	13	14	15
棉条片段重量(g/5m)	20.12	20.18	19.96	20.04	19.84	20.23	19.97	20.06	21.02	20.41	19.07	18.93	19.12	19.15	18.79
序　号	4 号梳棉机					5 号梳棉机					6 号梳棉机				
	16	17	18	19	20	21	22	23	24	25	26	27	28	29	30
棉条片段重量(g/5m)	20.31	20.09	20.54	19.91	20.72	20.34	20.18	20.27	20.24	20.06	19.92	20.07	19.85	20.15	19.88

由于：$n=30, n_1=12, \overline{X}=19.98\text{g/5m}, \overline{X}_1=19.53\text{g/5m}$。

则：$$H_{重量}=\frac{2n_1(\overline{X}-\overline{X}_1)}{n\overline{X}}\times100\%=\frac{2\times12\times(19.98-19.53)}{30\times19.98}\times100\%=1.80\%$$

2. 棉条回潮率

采用 Y802K 型通风式快速烘箱对棉条进行回潮率试验。

试样烘干前的质量：50g；烘干后的干重：46.69g。

$$回潮率(\%)=\frac{试样湿重-试样干重}{试样干重}\times100\%=\frac{50-46.69}{46.69}\times100\%=7.1\%$$

3. 数据分析

虽然经过测试，棉条的重量不匀率符合要求，达到了优的水平，但是优的最高值，并且测试发现 3 号梳棉机的测试数据较低，经检查 3 号梳棉机，发现其落棉率比其他梳棉机相对较高，对其调节落棉率后，重量不匀率接近 1.6%，完全达到了要求。

考核评价

本任务的考核按照表 2－1－4 进行评分。

表 2－1－4　考核评分表

项　　目	分　　值				得　　分	
条粗测长器的操作	50（按照步骤操作，少一步骤扣 2 分）					
试验数据的计算	20（按照要求进行记录，对数据进行计算及分析，少一项扣 3 分）					
数据分析与控制	30（根据数据分析提出控制棉条重量不匀率的措施）					
书写、打印规范	书写有错误一次倒扣 4 分，格式错误倒扣 5 分，最多不超过 20 分					
姓名		班级		学号		总得分	

思考与练习

在生产中纯棉生条重量不匀率超过了 4.5%，分析原因，并提出控制措施。

任务2　棉条条干不匀率的检测与控制

学习目标

1. 掌握棉条条干不匀率的控制范围。
2. 掌握棉条条干不匀率的测试。
3. 熟悉棉条条干不匀率的控制措施。

任务引入

试按照生产规程，检查任务1中棉条条干不匀率。

任务分析

检测棉条的条干不匀率主要是判断棉条短片段的粗细不匀情况。棉条条干不匀率用YG137型电容式条干均匀度测试分析仪检验。

一般在当遇到不合格情况时，需要操作人员及时调整相关参数以改善棉条质量。

相关知识

一、棉条条干不匀率检测项目及控制范围

1. 棉条条干不匀率

反映棉条纵向不匀，是棉条每米片段内的不匀情况，它影响细纱重量不匀率、条干不匀率和强力不匀率。

2. 控制范围（表2-2-1）

表2-2-1　棉条条干不匀率的控制范围

检测项目		*CV*（%）
生条条干不匀率（%）	优	2.6~3.7
	中	3.8~5.0
	差	5.1~6.0
精梳条条干不匀率（%）	<3.8	
熟条条干不匀率（%）	纯棉超细特、细特纱	3.5~3.6
	纯棉中特、粗特纱	4.1~4.3
	涤棉	3.2~3.8

二、条干均匀度仪

棉条条干不匀率常用 YG137 型电容式条干均匀度测试分析仪检测，仪器如图 2－2－1 所示，其原理如图 2－2－2 所示。在使用 YG137 型电容式条干均匀度测试分析仪进行检测时，一般生条、精梳条每周每品种至少试验 1 次，熟条需每班每眼不少于 1 次试验，试验长度为 50～100m。

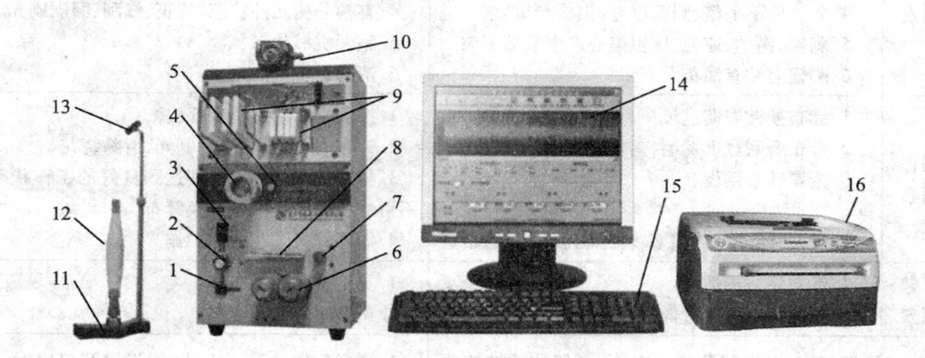

图 2－2－1　YG137 型电容式条干均匀度测试分析仪

1—罗拉分离开关　2—调速按钮　3—启动开关　4—导纱轮　5—调整螺丝　6—罗拉
7—横梁调节钮　8—移动横梁　9—电容传感器　10—张力调节器　11—纱管支架
12—纱管　13—张力盒　14—显示屏　15—键盘　16—打印机

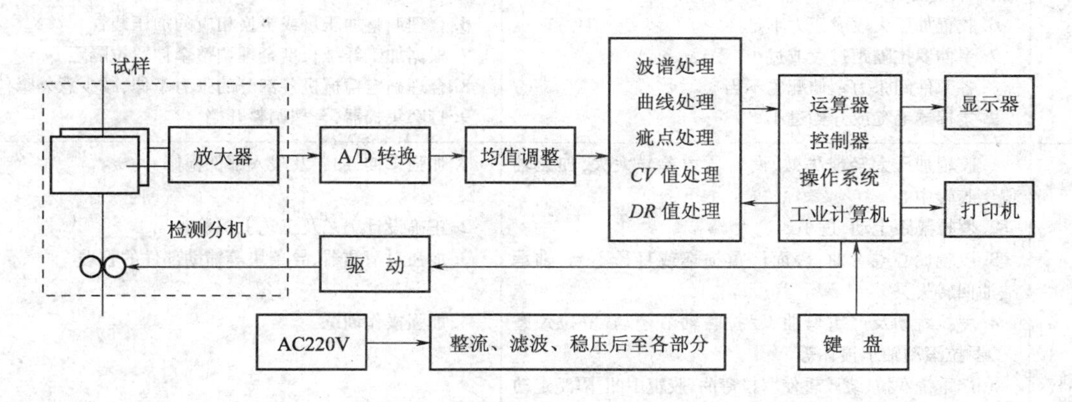

图 2－2－2　YG137 型电容式条干均匀度测试分析仪原理框图

三、控制棉条条干不匀率的措施（表 2－2－2）

表 2－2－2　控制棉条条干不匀率的措施

项目		棉条条干不匀率不达标的主要因素	控制棉条条干不匀率的措施
生条条干不匀率	上工序因素	1. 棉卷中产生粘卷、绉摺卷、松烂卷、破洞卷、厚薄卷 2. 棉卷边缘不整齐、不均匀或太薄 3. 棉卷横向均匀度不好	1. 改善棉卷品质，清除绉摺卷、松烂卷、破洞卷、厚薄卷 2. 提高棉卷品质，清除毛头卷，校正梳棉机导棉板开档 3. 降低横向不匀率

续表

项目		棉条条干不匀率不达标的主要因素	控制棉条条干不匀率的措施
生条条干不匀率	机械因素	1. 给棉罗拉弯曲,给棉板不平或加压不足 2. 小漏底网眼堵塞、隔距不当、网眼发毛 3. 各部隔距不准,过大或左右不一致 4. 分梳件不平整、圆整度差、损伤严重 5. 刺辊、锡林、道夫、压辊偏心产生周期不匀 6. 刺辊上粘有油花	1. 调整或更换给棉罗拉,使其正常工作 2. 按规定刷清小漏底,结合平揩车打光 3. 调整隔距 4. 整顿分梳元件状态,校正、修刮、磨砺刷光、修换 5. 整顿机械状态 6. 清除刺辊上油花
	操作因素	1. 针布抄针周期过长 2. 针布磨砺过度发毛,锡林绕花 3. 金属针布倒齿 4. 道夫三角区吸尘阻塞、刺辊低压罩吸风管堵塞	1. 按规定周期扫清各部位 2. 针布磨砺适当,磨后刷光,清除绕花 3. 修复、清洁针齿,使其达到良好的工作状态,严重至不可修复的结合平车调换针布 4. 做好积聚飞花清洁工作
	工艺因素	1. 针布规格不适当 2. 车间相对湿度过低,棉网两边飘动破裂	1. 更换合适的针布 2. 调整车间温湿度
精梳条条干不匀率		1. 弓形板定位、钳板闭开口定时、分离罗拉顺转定时配合不当 2. 棉网结合不良 3. 分离胶辊或牵伸胶辊状态不良 4. 分离罗拉或牵伸罗拉弯曲 5. 牵伸传动齿轮磨损或啮合不良,齿轮与轴间配合松动,牵伸传动轴弯曲 6. 胶辊加压失效或压力不足 7. 牵伸罗拉隔距过大或过小 8. 各部件间张力牵伸配置不当 9. 集棉器毛糙或开档过小	1. 合理确定弓形板定位、钳板闭开口定时、分离罗拉顺转定 2. 合理设计分离结合工艺 3. 校正、保养分离胶辊、牵伸胶辊 4. 校正分离罗拉或牵伸罗拉 5. 调整齿轮位置或更换齿轮,校正牵伸传动轴 6. 合理调整加压量或更换相应的加压装置 7. 根据加工纤维长度合理调整牵伸罗拉隔距 8. 合理确定精梳机各部分的张力牵伸,减少意外牵伸 9. 打磨集棉器,合理调整开档
熟条条干不匀率,节粗、节细		1. 胶辊加压太轻或失效,两端压力差异太大,加压轴偏离胶辊中心 2. 罗拉隔距走动,过小或过大 3. 胶辊偏心或弯曲,表面严重损坏或直径不当,轴承缺油回转失灵 4. 罗拉跳动及严重弯曲、罗拉联轴节松动,罗拉颈磨灭,罗拉滚动轴承损坏等 5. 严重绕罗拉、绕胶辊使罗拉弯曲,胶辊中凹,隔距走动 6. 牵伸齿轮爆裂、偏心、缺齿,键与键槽松动或齿轮啮合不良 7. 牵伸部分同步带张力不当或齿形缺损 8. 部分牵伸配置不当,前张力牵伸配置太大 9. 导条张力太大或导条压辊滑溜,棉条在导条台上产生意外伸长 10. 喂入棉条重叠牵伸不开,导条块开档太小或有部分在导条块外使棉条失去控制 11. 压力棒弯曲变形 12. 压力棒位置过低(上托式过高),对棉网控制力过强,出现牵伸不开现象 13. 上下清洁器作用不良,飞花卷入棉网 14. 刹车过猛 15. 轴承磨损	1. 加强牵伸、加压及喂入部件检修 2. 正确设计工艺及工艺上机检查 3. 加强对清洁器、导条块等辅助部件的管理 4. 加强操作训练

任务实施

一、YG137型电容式条干均匀度测试分析仪操作方法

1. 取样

每台、眼取一个条段，长度为50～100m。

2. 试样调湿和预调湿

试样的调湿，即温度为20℃±2℃，相对湿度为65%±3%，在该条件下将试样平衡24h。对大而紧的样品卷装或对一个卷装需进行一次以上测试时应平衡48h。试样应在吸湿状态下进行调湿平衡，必要时可以进行预调湿。在调湿和测试过程中应保持标准大气恒定，直到测试结束。

非标准环境测试：生产监控测试中，可以在稳定的温湿度条件下，使试样达到平衡后进行测试。平衡及测试期间的平均温度为18～28℃，平均相对湿度为50%～75%。其中，温度变化率不超过0.5℃/min，相对湿度的变化率不超过0.25%/min。测试前仪器应在上述稳定环境中至少放置5h。

3. 操作步骤

(1)仪器预热：打开电源开关，仪器首先进入操作系统，然后计算机自动进入测试系统(图2-2-3)，仪器预热20min。

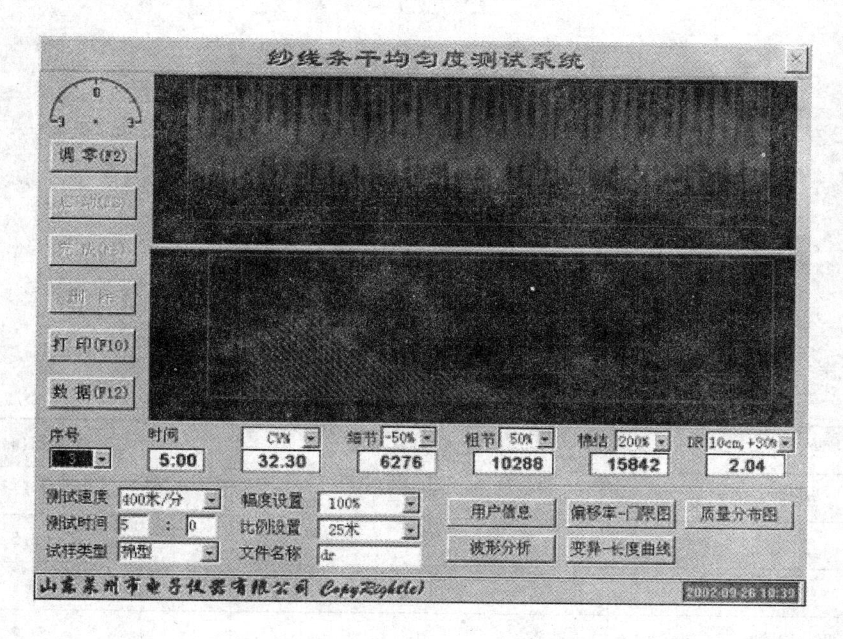

图2-2-3　纱线条干均匀度测试系统

(2)参数设置。

①选择合适试样类型，试样分为棉型和毛型两大类，点击“试样类型”右侧键选择。

②根据表2-2-3选择合适的幅度，幅度用于放大或缩小不匀曲线的幅值，系统提供了从

12.5% ~100%共四档选项以备选取,选择幅度的大小跟测试的纱线种类有关(表中同时给出了试样所用的测试槽)。

表2-2-3 幅度、测试槽设定表

纱 样	细 纱	粗 纱	棉 条
测试槽	5槽、4槽	3槽	1槽、2槽
幅度	100%、50%	50%	50%、25%、12.5%

③比例设置:用于放大或缩小不匀率曲线在试样长度方向上的比例,以便观察分析曲线变化趋势,对纱条不匀情况做出及时地判断。

④测试速度设置:用以设置检测器罗拉牵引纱线的速度,可参照图2-2-4所示,选择系统所需的测试速度(注意:选择的速度一定要与检测分机上的设定速度相同)。

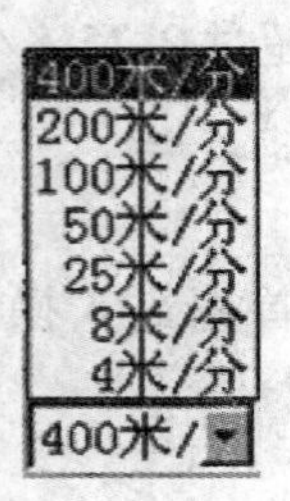

图2-2-4 速度设置界面

⑤按图2-2-5所示形式输入测试时间。根据试样的不同,建议按表2-2-4选取速度和时间。

图2-2-5 时间设置界面

表2-2-4 速度、时间设定

试 样	测试速度(m/min)	测试时间(min)
细纱	400	1
细纱	200	1,2.5
细纱	100	2.5
细纱/粗纱	50	5
细纱/粗纱/棉条	25	5,10
粗纱/棉条	8	5,10
棉条	4	5,10

⑥依次输入测试所需的文件名、使用的单位名称、测试者姓名、线密度、锭号等内容。

(3)测试前准备。

①无料调零:在系统测试前必须先经过无料调零操作。首先确保传感器的测试槽为空,然后单击"调零"按钮,系统进入调零状态。若调零出错,系统弹出提示框提示调零错误,应检查测试槽及信号电缆,再进行调零;若调零正确,可进行下一步操作。

②张力调整:为防止试样在经过测试槽时抖动而影响测量结果,测试前通过调整检测分机上张力器的张力旋钮来改变张力,使纱线在通过张力器到测试槽的过程中无明显的抖动。

③测试槽的选择:检测分机上有两个电容传感器检测头,大检测头上装有两个测试槽,由左到右依次为1号、2号槽,用来测量条卷和棉条的不匀,小检测头装有三个测试槽,由左到右依次为3号、4号、5号槽,用来测量粗纱试样和细纱试样的不匀。五个槽通过导纱装置左右移动来控制,可根据表2-2-5对测试槽进行选择。

表2-2-5　测试槽适用纱线线密度范围

试样类型	棉条		粗纱	细纱	
槽号	1	2	3	4	5
线密度(tex)	80000~12100	12000~3301	3300~160.1	160.0~21.1	21.0~4.0
公支		0.302	0.303~6.24	6.25~47.5	47.6~250
英支(棉)	<0.048	0.049~0.178	0.179~3.68	3.69~28.0	28.1~147.6

试样通过测试槽时,应该掌握这样一个原则:棉条靠墙一边走,粗纱上左下右斜着走,细纱靠山中间走(图2-2-6)。

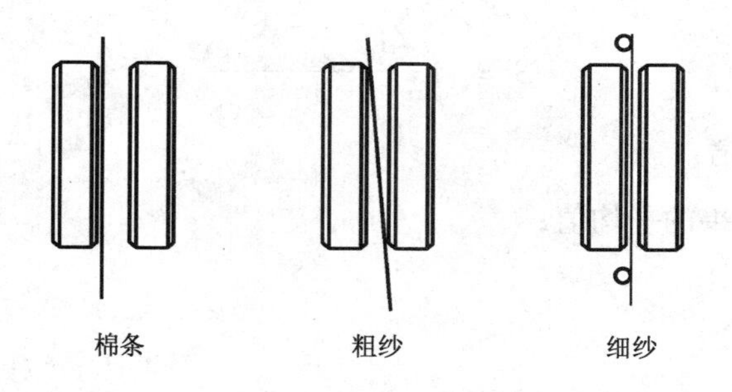

图2-2-6　试样经过测试槽位置

(4)测试。

①引纱操作:按"启动"开关,罗拉开始转动。将纱线或棉条从纱架上牵引入张力器中,然后通过选定的测试槽,再按下"罗拉分离"开关,罗拉脱开后将试样放入两个罗拉中间,放开开关,罗拉闭合。

②待试样运行速度正常并确认纱线无明显抖动后,单击"开始"进入测试状态。当一组试样进行首次测试时,系统会自动调整信号均值点,使曲线记录在合适的位置上。单击"调零"进行调整均值,若调整有错,则显示"调均值出错",自动停止测试。调整均值后,界面的主窗口

上、下两部分别显示测试的不匀曲线、波谱图。界面底端显示相应的测试指标：*CV* 值、细节、粗节、棉结等。

注 测试状态中，不能改变测试参数中测试条件的设置，如速度、时间、类型、幅度等。为确保测试安全，界面设置参数按钮变灰色表示不可改动。

③单次测试完成后，若发现测试的数据中存在错误，可选择“删除”功能删除已经测试的数据。

④当整个测试批次结束后，系统退出当前的测试状态，单击“完成”终止当前的测试批次，显示统计值。

⑤测试完成后，单击“打印”进入打印输出界面。在打印输出界面下的打印选项中，提供了不匀曲线、波谱图、报表等选项。对于不匀曲线和波谱图，提供了全部打印或部分打印两项选择；对于报表分为两种，统计报表和常规报表，统计报表包含测试的所有指标，而常规报表包含 *CV* 值和三档常用的疵点值。

注1 测试完成后，界面各项设置参数按钮回复到起始状态，可以进行设置、下次检测。

注2 需经常用毛刷清扫测试槽周围的飞花，用薄纸片或皮老虎清洁测试槽内的杂物。

二、试验数据的计算

1. 均方差 S

$n<30$ 时：

$$S=\sqrt{\frac{\sum_{i}^{n}(x_i-\bar{X})^2}{n-1}}$$

$n\geqslant 30$ 时：

$$S=\sqrt{\frac{\sum_{i}^{n}(x_i-\bar{X})^2}{n}}$$

式中：x_i——第 i 个测试值；

$\bar{X}$——试样测试结果的平均值；

n——试样数。

2. 变异系数 CV（%）

$$CV=\frac{S}{\bar{X}}\times 100\%$$

在 *CV* 值的计算中，考虑了偏离平均值的较大偏差（ − ）这一项被平方，*CV* 值从数值上较全面地反映了纱条的不匀程度。

三、检测数据与控制

1. 测试报告

（1）记录：执行标准；样品材料、规格和数量，必要时说明样品来源；测试环境（温、湿度）；仪器型号；纱条速度、取样长度等必要的测试参数；偏离细节等。

(2)计算:*CV* 值。

(3)分析:不匀曲线图、波谱图、变异长度曲线图等。

2. 专家分析系统

YG137 型条干仪专家分析系统实际上是一套用于纱线疵点智能分析的软件,软件库中存储了纺纱设备工艺传动系统图,它能结合测试结果给出的波谱图、曲线图评估工艺流程,便于用户及时发现生产中出现的问题。进入“诊断”程序后,仪器自动分析、计算、识别牵伸波和机械波等不匀成分的主波长,根据主波长计算出可能造成波谱分析中显示的机械波、牵伸波等故障的部位或牵伸区。并以此结果结合工艺参数,由本工序往前推算,显示诊断结果:对于机械波,将显示可能造成机械波的牵伸件位置;对于牵伸波,将显示可能出现牵伸波的牵伸区间。专家分析系统界面分为上下两部分,上面显示波谱分析图,下面显示牵伸诊断结果(图 2-2-7)。

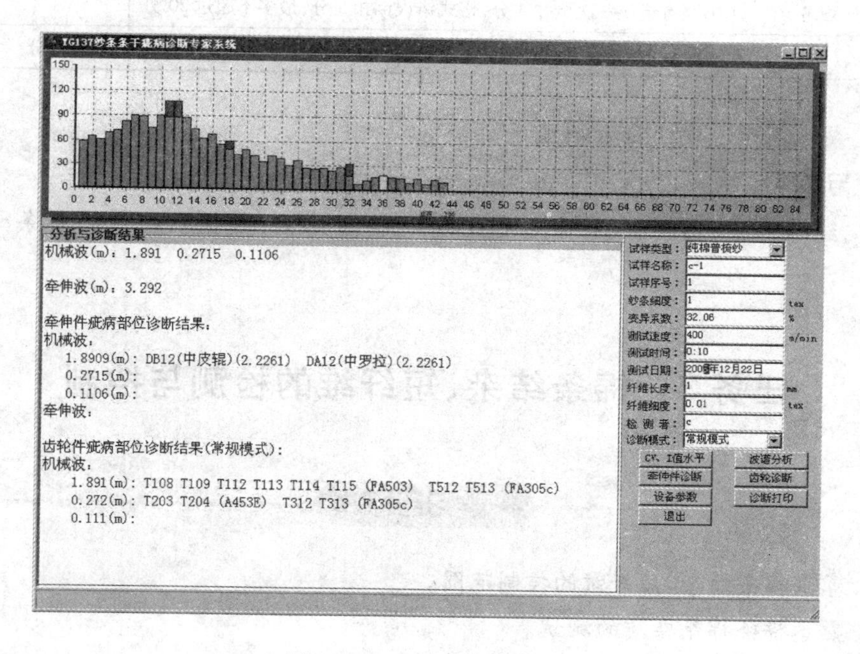

图 2-2-7　专家分析系统

3. 测试数据及质量控制

采用 YG137 型电容式条干均匀度测试分析仪对棉条进行条干不匀率检测,得到数据见表 2-2-6。

表 2-2-6　棉条条干不匀率测试数据(梳棉机附有自调匀整装置)

序　号	1 号梳棉机	2 号梳棉机	3 号梳棉机	4 号梳棉机	5 号梳棉机	6 号梳棉机	平　均
条干不匀率(%)	3.23	3.08	3.42	2.98	3.17	3.20	3.18

棉条的条干不匀率符合要求,达到了优的水平,并且波谱图正常,未发现机械波。

若测试中,发现机械波就需用专家分析系统进行分析,找出故障机件并修复,从而使产品品质量完全达到要求。

考核评价

本任务的考核按照表 2-2-7 进行评分。

表 2-2-7　考核评分表

项　目	分　值				得　分	
条干均匀度测试分析仪的操作	60(按照步骤操作,少一步骤扣 2 分)					
检测试验数据	10(按照要求进行记录,对数据进行计算及分析,少一项扣 2 分)					
数据分析及控制	30(根据数据、图形分析控制棉条条干不匀率的措施)					
书写、打印规范	书写有错误一次倒扣 4 分,格式错误倒扣 5 分,最多不超过 20 分					
姓名	班级		学号		总得分	

思考与练习

生产中,纯棉棉条 USTER *CV* 值超过 5.0%,分析原因,并提出控制棉条条干不匀率的措施?

任务 3　棉条结杂、短纤维的检测与控制

学习目标

1. 掌握棉条结杂、短纤维的控制范围。
2. 熟悉棉条棉结杂质的测试。
3. 掌握棉条短纤维率的测试。
4. 熟悉棉条结杂、短纤维的控制措施。

任务引入

试按照生产规程,检查任务 1 中棉条的结杂及短纤维含量。

任务分析

棉条的棉结和杂质多少,在没有精梳工序的情况下,直接决定了成纱的棉结杂质多少。而

成纱的棉结、杂质含量是纱线的主要指标之一，它不仅直接影响纱线、织物和后加工产品的外观，而且对后工序的断头和正常生产都有不良的影响。

棉条的短纤维率对成纱条干不匀率、强力等指标及可纺性都有很大的影响。

棉条棉结的含量常用 XJ129 型棉结和短绒率测试仪测量；棉条短纤维及杂质含量常用 XJ128 型快速棉纤维性能测试仪测量。

一般在当遇到不合格情况时，需要操作人员及时调整相关参数以改善棉条质量。

相关知识

一、棉条结杂、短纤维含量检测项目及控制范围

（一）棉结杂质含量

1. 结杂粒数

反映棉条中单位重量棉结、杂质的粒数，它不仅决定了成纱的质量，它还直接影响织物和后加工产品的外观，而且对后工序的断头和正常生产都有不良的影响。特别是棉结在后工序很难清除，它会造成染色色差、白星等疵点。大的杂质常会造成后工序断头、轧针等机械故障。棉结杂质多也会增加印染处理的练耗率。

2. 控制范围（表 2－3－1）

表 2－3－1　棉条中棉结杂质的控制范围（适用于国产棉）

棉纱线密度（tex）		棉结数/结杂总数（粒/g）		
		优	良	中
生条	32 以上	25～40/110～160	40～50/150～200	50～70/180～220
	20～30	20～38/100～135	38～45/135～150	45～60/150～180
	11～19	10～20/75～100	20～30/100～120	30～50/120～150
	11 以下	6～12/55～75	12～15/75～90	15～18/90～120
精梳条	＞11	9～18/30～40	18～27/40～48	27～40/48～60
	≤11	5～10/22～30	10～13/30～36	13～16/36～48

（二）短纤维含量

1. 短纤维率

反映棉条中短纤维的根数百分率或重量百分率，它影响成纱条干不匀率、强力，并对纤维的可纺性有较大的影响。

短纤维率，在欧美一些国家规定以 12.7mm 及以下纤维的百分率表示；在中国，当主体长度大于 33mm 时，以 19.5mm 及以下纤维的百分率表示，当主体长度小于等于 33mm 时，以 15.5mm 及以下纤维的百分率表示。

2. 控制范围(表 2-3-2)

表 2-3-2 棉条中短纤维率的控制范围(适用于国产棉)

项目	棉纱线密度(tex)	短纤维率(%)
生条	32 以上	>23
	20~30	17~23
	11~19	10~17
	11 以下	<9
精梳条	>11	7~9
	≤11	≤6

二、XJ129 型棉结和短绒率测试仪

原棉和棉条的棉结和短绒含量,对产品质量和纺织生产工艺有重要影响,棉结数量过大,会导致不合格纱线和和织品的产生。同样,原棉短绒率过高,会导致纺织厂的制成率降低、生产效率下降。XJ129 型棉结和短绒率测试仪(以下简称 XJ129 型测试仪)主要用来测试原棉和棉条中的棉结和短绒含量,由于具有取样量大、数据客观的特点,因此可取代目前的手工棉结测试法和罗拉分析法,对指导纺织企业合理配棉、监测和调整生产工艺有重要的作用。

XJ129 型测试仪可分别测试原棉或棉条的中的纤维棉结、籽屑棉结以及棉结尺寸,并进行分类统计;长度指标可测试跨距长度(3% 有效长度,50% 有效长度或者其他设定值的跨距长度)、有效长度、短绒率[12.7mm 重量短绒(w)、12.7mm 根数短绒(n)、16mm 重量短绒(w)-16mm、16mm 根数短绒(n)-16mm 或其他设定长度的短绒率]等指标。

(一)仪器组成

XJ129 型棉结和短绒率测试仪由 XJ129 型棉结测试仪和 XJ129 型短绒测试仪两大部分组成(图 2-3-1)。

1. XJ129 型棉结测试仪

该仪器主要包括负压发生机构、梳棉机构、制条单元、棉结传感器、棉结电控箱。

2. XJ129 型短绒测试

该仪器主要包括工业控制计算机系统、短绒检测控制单元、棉纤维取样装置、刷架单元、照影单元、校准单元、电源等。

(二)工作原理

1. XJ129 型棉结测试仪(图 2-3-2)工作原理

在梳棉机构和负压的作用下,由喂棉口喂入的纤维被充分开松形成纤维流,含有棉结的纤维流通过棉结光电传感器,输出的信号经过高速的采样和分析处理,得到棉结的数量和尺寸信息。

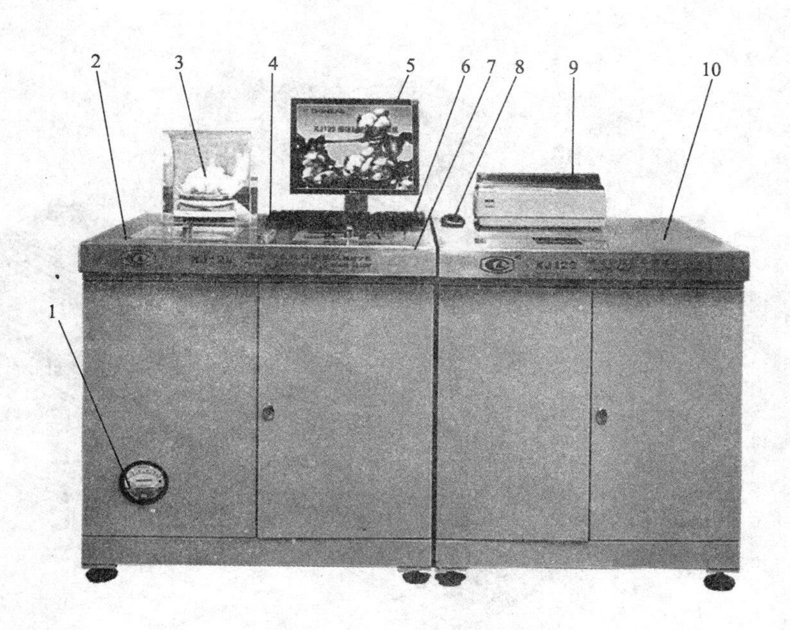

图 2－3－1　XJ129 型棉结和短绒率测试仪

1—仪表　2—工作台　3—电子天平　4—开关　5—显示器　6—键盘
7—棉结分机　8—鼠标　9—打印机　10—短绒分机

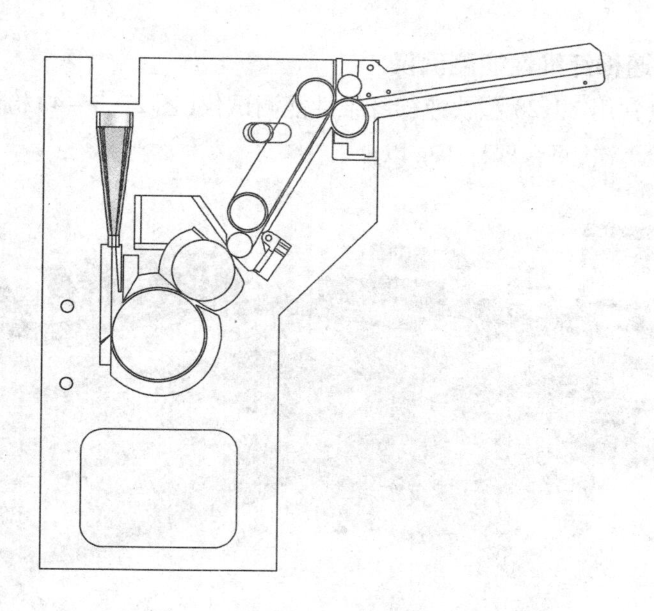

图 2－3－2　XJ129 型棉结测试仪

2. XJ129 型短绒测试仪(图 2－3－3)工作原理

被测棉条放到针床上,经过取样器多次取样后,将得到的一端整齐的纤维放入光电照影传感器扫描,信号由主控机处理得到纤维长度分布图,据此得到短绒的所有指标。

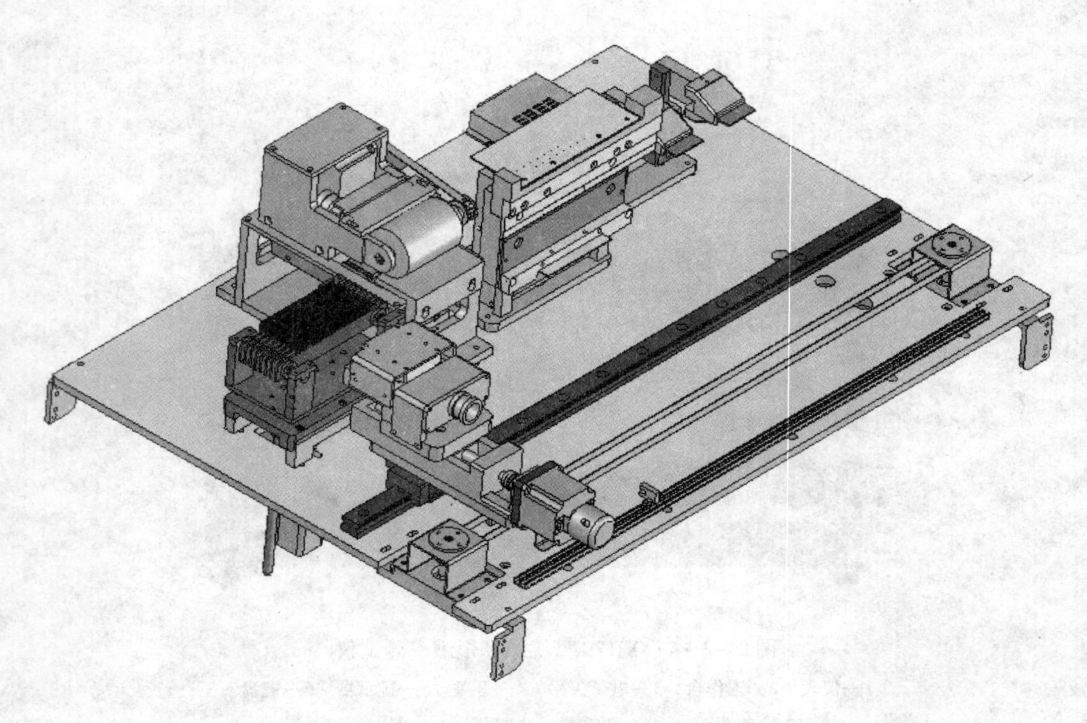

图 2－3－3　XJ129 型短绒测试仪

三、XJ128 型快速棉纤维性能测试仪

棉条短纤维含量常用 XJ128 型快速棉纤维性能测试仪(图 2－3－4)检测。在进行检测时，一般每月每品种试验 1 次，每台取样 10g 以上。

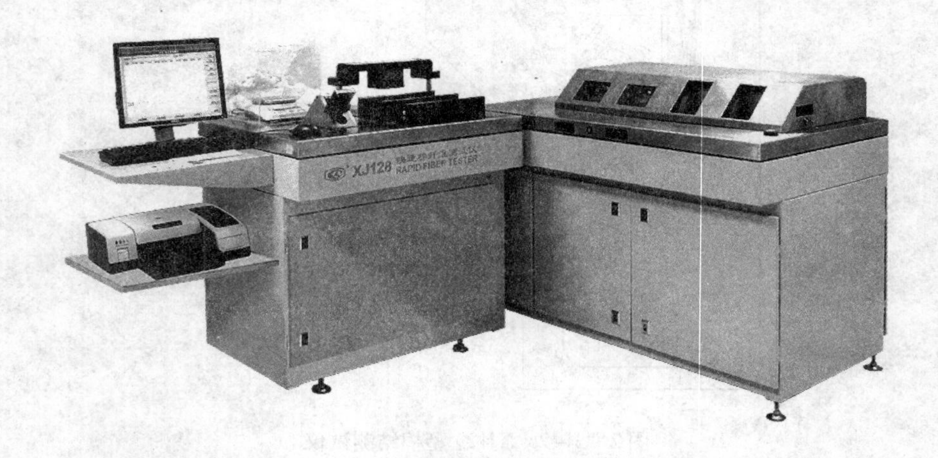

图 2－3－4　XJ128 型快速棉纤维性能测试仪

XJ128 型快速棉纤维性能测试仪可以进行自动取样、快速、大容量、多指标的棉纤维性能综合测试仪器；能够快速测试棉纤维的长度、强度、马克隆、色泽、杂质等性能指标。

XJ128 型快速棉纤维性能测试仪由长强主机（主要包括长度/强度模块和电控箱）、色征主机（主要包括马克隆模块和色泽/杂质模块）、主处理机、显示器、键盘、鼠标、打印机、电子天平、条形码读码器及附属电缆组成，其组成框图如图 2－3－5 所示。

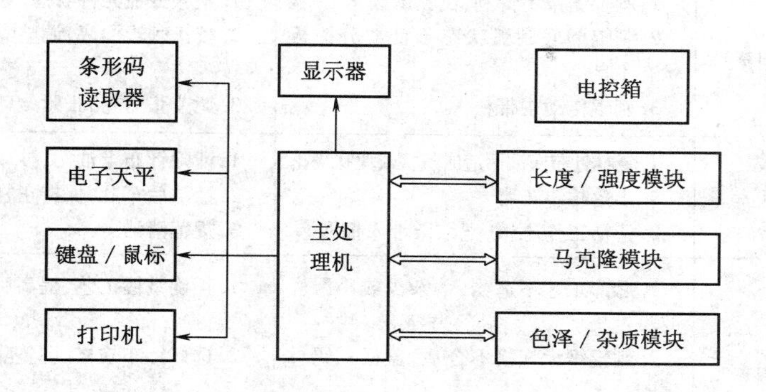

图 2－3－5　XJ128 型快速棉纤维性能测试仪组成框图

四、控制棉条棉结杂质及短纤维含量的措施（表 2－3－3）

表 2－3－3　控制棉条棉结杂质及短纤维含量的措施

项目			产生原因	控制措施
生条	棉结含量	上工序因素	1. 原料中棉结、丝束多 2. 开清棉工序轧绕严重 3. 回花、再用棉混用不匀	1. 束丝、萝卜丝不直接混用 2. 加强巡回，防止轧绕 3. 按规定比例使用原料，混合均匀
		机械因素	1. 分梳件状态不良；针布轧伤、倒针、缺齿、磨砺不良；齿尖不锋利、不光洁、嵌破籽 2. 给棉罗拉出口隔距偏大，握持不良 3. 主要隔距（锡林～道夫，锡林一盖板，锡林～刺辊）走动或偏大 4. 分梳部件平整度、圆整度差 5. 漏底安装不良、表面毛糙挂花	1. 整顿分梳元件状态，校正、修刮、磨砺刷光、修换 2. 整顿机械状态，校正隔距 3. 调整隔距 4. 平整、校正分梳机件 5. 漏底正常安装，表面要光滑
		操作因素	1. 锡林针布有油污造成条状或块状绕花 2. 出落棉不正常 3. 清洁工作不慎，把结杂带入棉网	1. 清除针布上油污，抄净绕花 2. 清洁后车肚，保持正常落棉 3. 规范清洁
		工艺因素	1. 棉卷回潮率过高 2. 后落棉除杂效率低 3. 分梳件规格配置不当	1. 调节车间温湿度，控制棉卷回潮 2. 提高后车肚落杂 3. 选好规格分梳元件，合理配置

续表

项目			产生原因	控制措施
生条	杂质含量	上工序因素	棉卷含杂或回潮率过高	提高清棉除杂效率,正确调节车间温湿度
		机械因素	1. 刺辊锯条不锋利,倒损缺齿多 2. 刺辊漏底圆弧状态不良或分梳板状态不良 3. 刺辊传动皮带松	1. 整顿分梳元件状态,修刮、磨砺、修换 2. 校正刺辊漏底,调整隔距,修复分梳板 3. 调节张力轮,张紧传动皮带
		操作因素	1. 锡林针布有油污造成条状或块状绕花 2. 出落棉不正常 3. 清洁工作不慎,把结杂带入棉网	1. 清除针布上油污,抄净绕花 2. 清洁后车肚,保持正常落棉 3. 规范清洁
		工艺因素	1. 后部工艺不适当,落杂少或小漏底弦长过长 2. 刺辊锯齿规格不合适,盖板~锡林隔距过大 3. 盖板花含杂少,锡林、盖板针布规格不合适,前上罩板上口隔距不恰当	1. 正确掌握工艺,提高后车肚落杂 2. 选好针布规格,调整隔距 3. 调整隔距,正确选择针布规格
	短纤维含量	上工序因素	1. 原棉成熟度过高或过低 2. 棉卷结构不均匀	1. 使用成熟度正常的原棉 2. 提高棉卷品质,降低不匀率
		机械因素	分梳件状态不良;针布轧伤、倒针、缺齿;齿尖不锋利、不光洁、嵌破籽	整顿分梳元件状态,校正、修刮、修换
		操作因素	1. 针布磨砺过度发毛 2. 吸尘装置堵塞	1. 针布磨砺适当,磨后刷光 2. 清洁吸尘装置
		工艺因素	1. 给棉板分梳工艺长度小 2. 刺辊、锡林速度过快 3. 后车肚落棉少 4. 盖板花少 5. 分梳隔距不合理	1. 适当的给棉板分梳工艺长度 2. 调整工艺,降低速度 3. 增大落棉区,提高后车肚落棉 4. 提高盖板花量 5. 调整隔距
精梳条	棉结杂质含量		1. 生条中含短纤维、棉结、杂质过多 2. 落棉率偏小或落棉眼差大 3. 梳理件状态不良 4. 毛刷转速低或状态不良 5. 毛刷插入锡林的深度较浅 6. 给棉长度较大 7. 车间温湿度过高	1. 严格控制生条的短纤维率、结杂含量 2. 统一工艺,做到同品种同机型工艺一致 3. 及时维修、保养锡林、顶梳针面,或更换针布 4. 更换皮带轮或毛刷掉头,提高毛刷转速 5. 及时调整毛刷插入锡林的深度 6. 减小给棉长度,提高分梳次数 7. 控制好车间的温湿度
	短纤维含量		1. 生条中含短纤维过多 2. 落棉率偏小或落棉眼差大 3. 梳理件状态不良 4. 吸落棉风量小 5. 毛刷转速低或状态不良 6. 毛刷插入锡林的深度较浅 7. 锡林、顶梳定时配置不当 8. 车间温湿度过高	1. 严格控制生条的短纤维率 2. 统一工艺,做到同品种同机型工艺一致 3. 及时维修、保养锡林、顶梳针面,或更换针布 4. 及时检查与疏导风道,保持通道清洁 5. 更换皮带轮或毛刷掉头,提高毛刷转速 6. 及时调整毛刷插入锡林的深度 7. 根据纤维原料、产品种类合理选择锡林、顶梳定时 8. 控制好车间的温湿度

任务实施

一、XJ129 型棉结和短绒率测试仪操作方法

(一)开机

1. 开机前的检查

(1)检查 220V 和 380V 电源是否正常,连接是否正确。

(2)检查气源和气压是否符合要求。

(3)接通电源和气源开关。

2. 上电

(1)打开短绒测试仪后面的"风泵 220V"和"主 220V"开关。

(2)打开短绒测试仪器前门,按下 UPS 电源开关,打开 UPS 电源。

(3)打开棉结测试左后门,推上 380V 开关。

(4)转动棉结测试仪面板上的电源开关到"开"位置,指示灯亮,同时应听到间隔 15s 左右的两次继电器吸合声。

注　步骤(3)只在第一次安装完成或维修后上电时才进行,一般情况已经推上。

(二)检查及校准

机器上电完成后,经过 20min 的预热就可以进行测试了,为保证测试数据正确性,需要定期的进行检查和校准,如图 2-3-6 所示。

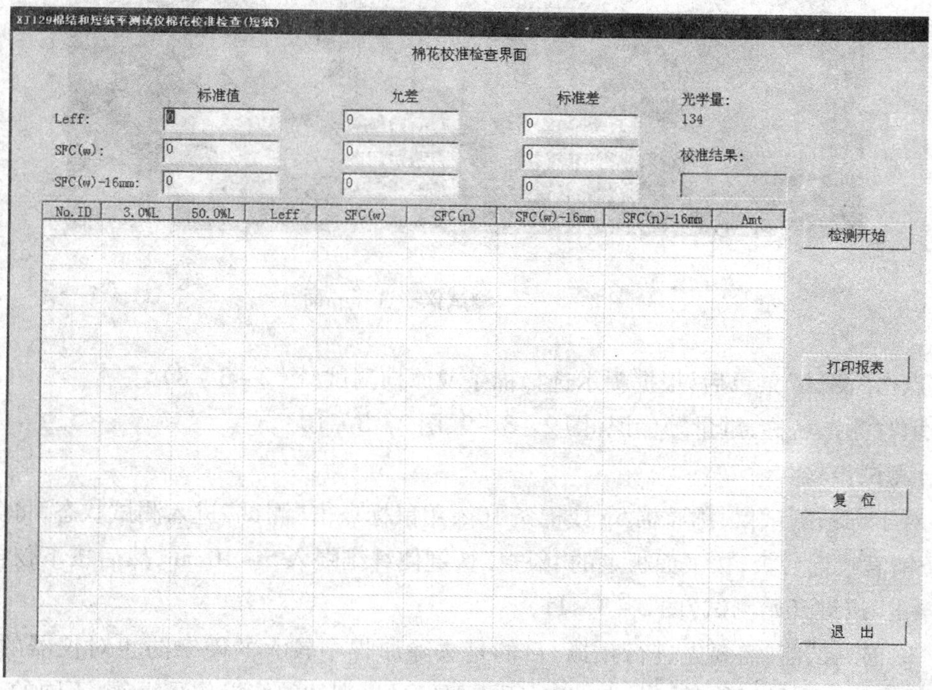

图 2-3-6　棉花校准检查界面

1. 棉结测试仪检查

棉结测试仪测试在正常使用下，每周需要进行一次检查，也可在用户认为在需要的任何时候进行，检查需要在校准环境下使用仪器自带的校准棉样，按照测试方法进行棉结测试，连续测试 4 次，观察 *CV* 值应符合要求，本次的 Total Neps 均值和上次检查结果差异不大于 20%。

注 棉结测试数据受操作原因影响很大，当确定是由于操作原因导致的数据异常时，可重新本次测试，但一般不超过 5 个循环。

2. 短绒测试仪的校准

(三) 测试

(1) 根据测试需要，在系统配置中选择“棉结测试仪”、“短绒测试仪”或“棉结和短绒测试仪”(图 2-3-7)。

图 2-3-7　测试仪器选择界面

(2) 点击“测试”菜单后，根据提示选择棉条或原棉测试(图 2-3-8)。

(3) 填写测试名称、重量等标识(图 2-3-9、图 2-3-10)。

(四) 测试步骤

(1) 对于棉结测试仪，称原棉 5g 或棉条 10g，用鼠标点击“测试”进入测试状态，将撕过的原棉或棉条铺满喂棉台板，按下面板上的“喂棉”按键使纤维喂入 5～10mm，然后按下仪器上面板“开始/停止”按键开始测试(图 2-3-11)。

注 原棉测试前，需要先进行预撕，目的是去除原棉中较大的硬杂防止对仪器的损害，同时，使纤维保持一个易于梳理的状态，此过程需要经过培训的熟练操作员操作，不同的手法可能对数据有影响；棉条称好后，先撕成和喂棉台板的长度相同的多条，然后按纤维方向一反一正铺到喂棉台板上。

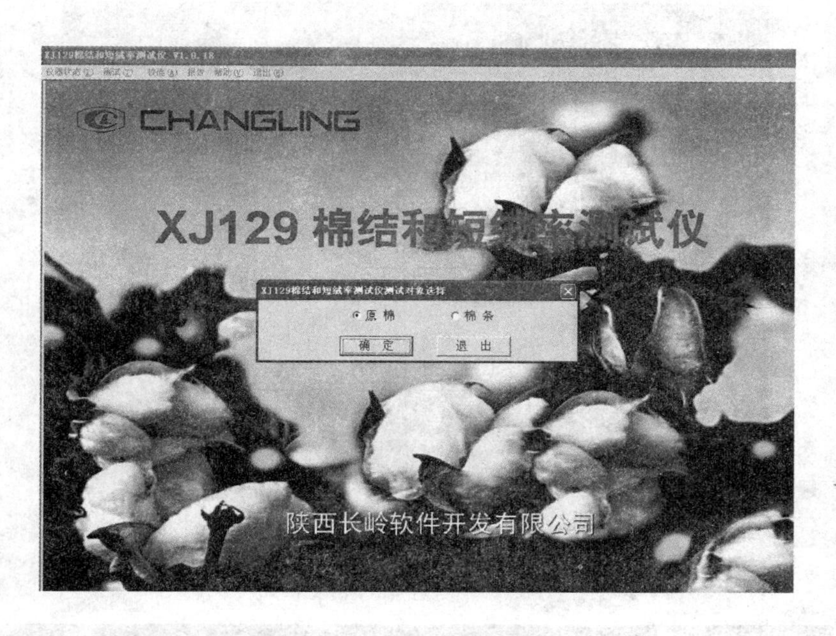

CHANGLING
XJ129棉结和短绒率测试仪测试对象选择
原 棉
棉 条
确 定
退 出
陕西长岭软件开发有限公司

图 2－3－8　测试原料选择界面

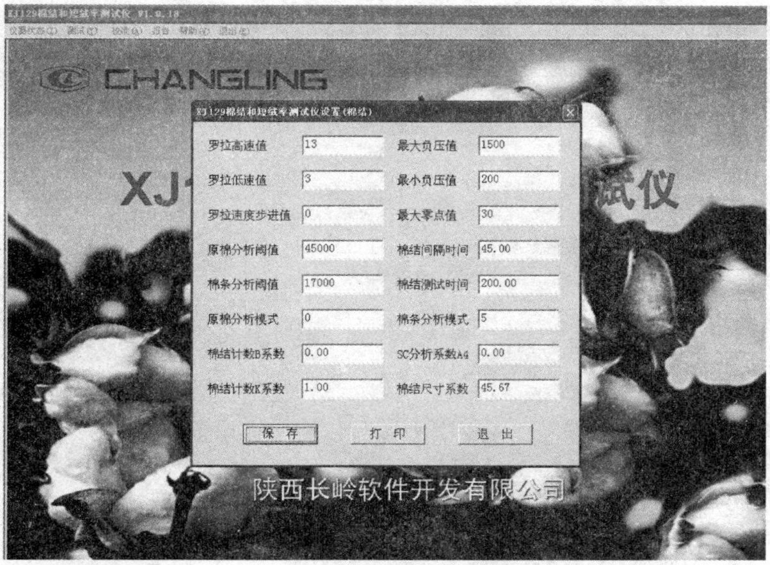
CHANGLING
XJ129棉结和短绒率测试仪设置(棉结)
罗拉高速值 13
罗拉低速值 3
罗拉速度步进值 0
原棉分析阈值 45000
棉条分析阈值 17000
原棉分析模式 0
棉结计数B系数 0.00
棉结计数K系数 1.00
最大负压值 1500
最小负压值 200
最大零点值 30
棉结间隔时间 45.00
棉结测试时间 200.00
棉条分析模式 5
SC分析系数A4 0.00
棉结尺寸系数 45.67
保 存
打 印
退 出
陕西长岭软件开发有限公司

图 2－3－9　棉结设置界面

(2)对于短绒测试仪,用鼠标点击“测试”进入测试状态,针床自动弹出,将棉条正反交错均匀分布压入针床,用压棉板压入按平,扯去多余的纤维。然后按下短绒测试仪面板上的“测试”按钮,开始测试。

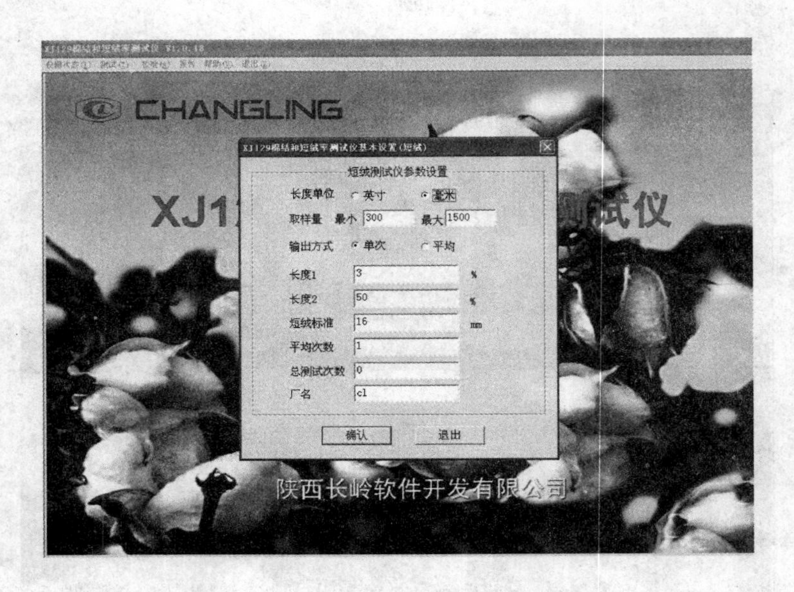

图 2－3－10 短绒设置界面

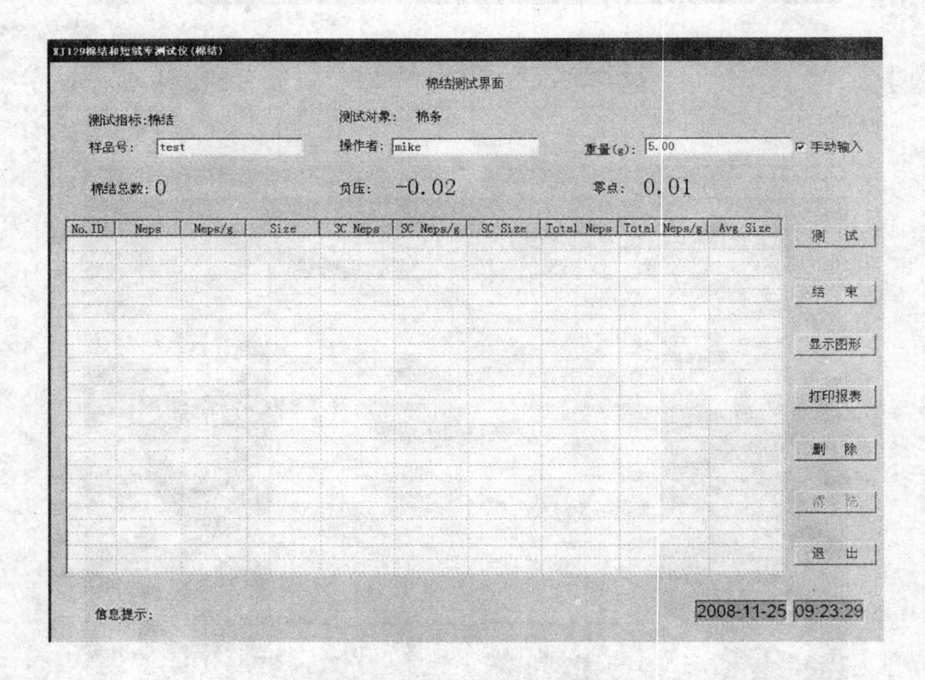

图 2－3－11 棉结测试界面

(3)对于棉结和短绒测试,则先按步骤(1),然后取出转杯中的棉条按步骤(2)测试(图 2－3－12)。

(4)棉结测试完成后去掉转杯中的棉条(棉条测试棉结时转杯中无棉条)可继续进行下一次棉结测试;短绒测试完成后,去掉测过的废棉,按步骤(2)重新放入样品继续测试。

(5)测试完成后,根据需要打印结果,点击"退出"结束本次测试(图 2－3－13)。

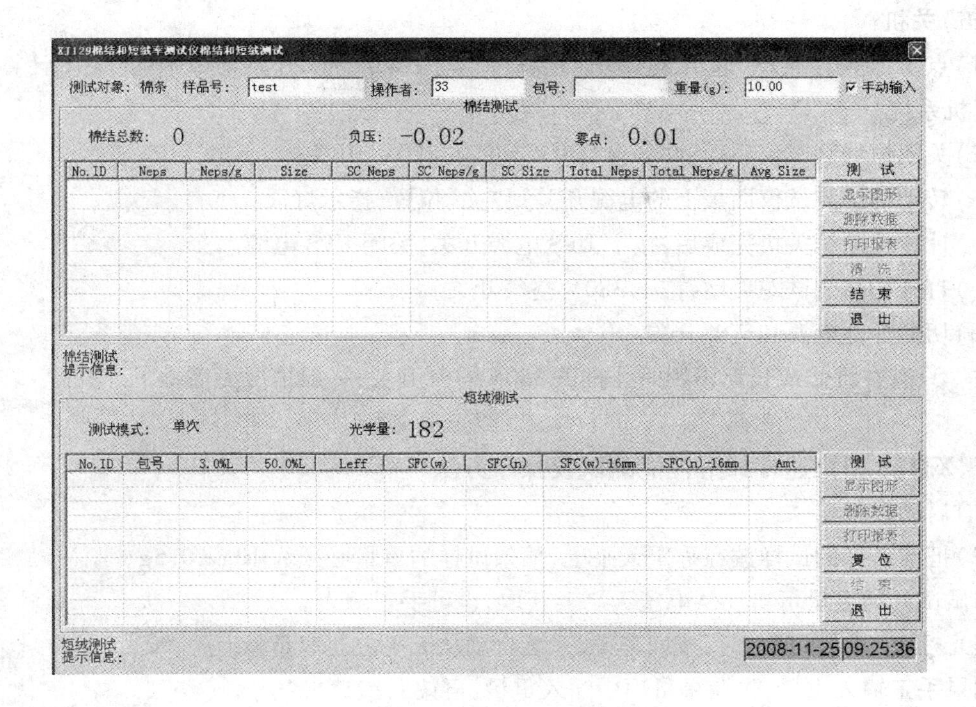

图 2－3－12　棉结、短绒测试界面

XJ129棉结和短绒率测试仪报告(棉结和短绒)

棉结和短绒率报告

统计数据选择　显　示

No.ID	Neps	Neps/g	Size	SC Neps	SC Neps/g	SC Size	Total Neps	Total Neps/g	Avg Size

历史数据

显示棉结图形

显示短绒图形

No.ID	包号	3.0%L	50.0%L	Leff	SFC(w)	SFC(n)	SFC(w)-16mm	SFC(n)-16mm	Amt

打印报表

退　出

图 2－3－13　棉结和短绒率打印界面

(五)关机

(1)点击"退出"菜单,退出 XJ129 应用程序,点击 Windows 开始菜单中的"关闭计算机"关闭计算机系统。

(2)关闭短绒测试仪后面的"风泵 220V"和"主 220V"开关。

(3)转动棉结测试仪面板上的电源开关到"关"位置,指示灯灭。

(4)计算机系统关机完成后,按下 UPS 电源开关,关闭 UPS 电源。

(5)打开棉结测试左后门,推下 380V 空气开关。

(6)切断外部电源和气源开关。

注 只有在维修或长期不用时才推下 380V 空气开关,一般情况无需推下。

二、XJ128 型快速棉纤维性能测试仪操作方法

(1)启动设备。

(2)把准备好的试样放在称重天平上,棉条试样的重量必须为 10g ±0.5g。

测试试样的重量可自动从电子天平上获取,也可手工输入。

当光标在"重量"项上时,按回车键,系统自动从天平上获取重量。

如果手工输入重量,先在重量项中输入重量,再按回车键。

(3)将 10g 的棉条试样切成每段长度大约为 30cm 的小段,并且使相邻的小段平行逆向排列(图 2－3－14)。

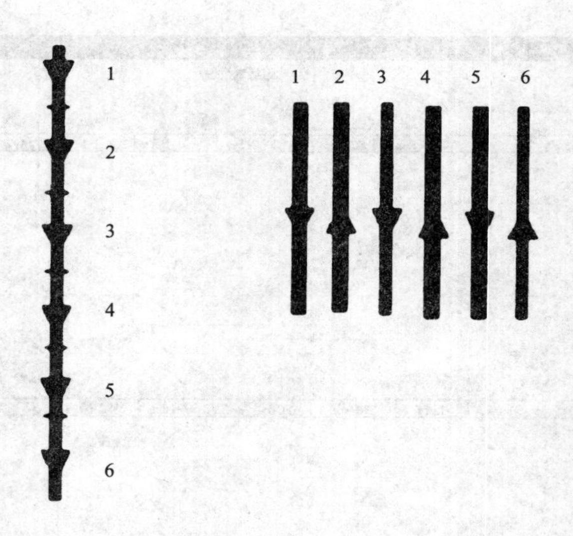

图 2－3－14 试样的排列

(4)当仪器接受了试样的重量数据后,开始检查吸风。如出现"检查吸风"提示信息。

①如果 AMI 关闭,打开 AMI(气流机械分离器)。

②清洁吸风箱。

③如果有空气泄漏,旋紧后侧的风帽。

(5)系统检测并显示光学电压。如果检测的电压不在可接受的范围内或出现错误提示信息;用棉花球清洁传感器部分(先关闭电源),清除聚集的飞花。

(6)按下"长度测试"按钮,然后按下仪器顶部"长度"按钮,梳针排出来。

(7)将试样放在梳针排上。

①将棉条小段放在梳针排上时,相邻的棉条小段平行逆向排列。放在梳针排上的棉条小段应该为偶数。如果最后出现奇数棉条小段,要将其沿纵向平分为二,并且逆向放在梳针排上。

②在把棉条覆盖到梳针排上之前,要用手将其平铺开,以至于棉条小段能够均匀的且薄薄的覆盖在梳针排上。用棉条试样覆盖整个针丛。

③棉条试样放到梳针排上以后,用压力块将其压入梳针排。保持压力块压紧状态,用手工从梳针排两边拔掉凸出的纤维。被夹住一端的纤维至少要从第一个针排凸出20mm。但不要使其凸出太长。

④当保持棉条试样小段在梳针排上时,要确保两个相邻的棉条段之间没有空隙且允许相邻的棉条间有稍微的重叠。

(8)点击"长度测试"开始长度测试。系统进行长度模块的光学电压测试,测试的电压值会在屏幕上显示。如果测试的电压值超出正常的范围,系统会给出一错误提示信息,要调节"长度"模块桌面下的旋钮(电位器),将电压设置到正常范围内。

如果设备准备好,传感器的电压也在正常范围内,按下"长度"按钮,开始长度测试。

(9)在测试完成后,长度的测试结果会以报表的形式给出。

(10)重复以上步骤,直到完成所有的测试。

三、检测试验数据与控制

1. XJ129型棉结和短绒率测试仪的测试数据(表2-3-4)

表2-3-4　XJ129型棉结和短绒率测试仪的测试数据　　试验重量(g):10

梳棉机号	棉结数	
	棉结总数	每克棉结数
1	488	49
2	441	44
3	514	51
4	415	42
5	428	43
6	439	44
平均	—	45.5

本测试的棉条,是供应14.5tex棉纱,与表2-3-1比对,棉结数为中档。

通过调整锡林与盖板间的隔距、缩短扫车周期、降低车间的温湿度、增大后车肚落棉等措施,使棉结数减少,达到了优档。

2. XJ128 型快速棉纤维性能测试仪的测试数据(表 2-3-5)

表 2-3-5　XJ128 型快速棉纤维性能测试仪的测试数据　　试验重量(g):10

梳棉机号	1 号梳棉机	2 号梳棉机	3 号梳棉机	4 号梳棉机	5 号梳棉机	平均
16mm 以下短绒率(%)	8.36	8.34	8.36	8.32	8.32	8.34
总杂质数	50	39	46	41	44	
每克杂质数	5	3.9	4.6	4.1	4.4	4.4

本测试的棉条,是供应 9.7tex 棉纱,采用的是新疆长绒棉,与表 2-3-1 比对,杂质含量属于优档;与表 2-3-2 比对,短绒率也达到了要求。

通过提高盖板速度,增加短绒去除量措施,可使棉条中的短绒率减少。

考核评价

本任务的考核按照表 2-3-6 进行评分。

表 2-3-6　考核评分表

项　目	分　值					得　分	
棉结和短绒率测试仪操作	40(按照步骤操作,少一步骤扣 2 分)						
棉纤维性能测试仪操作	40(按照要求进行记录,对数据进行计算及分析,少一项扣 2 分)						
检测试验数据与控制	20(根据数据分析控制棉条棉结杂质及短绒率的措施)						
书写、打印规范	书写有错误一次倒扣 4 分,格式错误倒扣 5 分,最多不超过 20 分						
姓名		班级		学号		总得分	

思考与练习

生产中,棉条中棉结含量超过标准,分析原因,并提出控制措施。

知识拓展

一、梳棉机落棉试验

了解梳棉机落棉和除杂的情况,供改进工艺和设备作参考。为了平衡车肚和盖板落棉率,及时调整工艺,可结合揩车周期进行车肚和盖板落棉单项简易快速试验。

(一)试验周期

整套落棉试验每月各品种至少轮试 4 台。盖板、车肚快速单项落棉试验周期一般可相当于 1~2 个揩车周期,以便在揩车时及时调整。

(二)取样

(1)试验机台先行抄针,清除盖板棉,出清车肚落棉,做好清洁工作。

(2)前后车肚铺入放落棉的牛皮纸或塑料布(自动吸落棉的吸口必须封死)。

(3)棉卷称重记录重量后,喂入开车。

(4)一般试验 1 ~ 2 个棉卷或 1 ~ 2 筒棉条,也可以试验 1 个抄针周期。达到规定时间后关车,抄清锡林、道夫,剥取抄针棉,取下盖板落棉,出清车肚棉,并分别称重和取样进行落棉分析。棉卷和棉条同时取样进行含杂分析。

(5)快速单项测定一般可不抄针,试验 1 只棉卷或一定时间内(如 3h)一定数量机台的盖板落棉率和车肚落棉率。一般仅作落棉率对比,不作落棉含杂率分析。一旦发现落棉成分异常,如落白花等,应做好记录,查找原因并及时修理。

(三)计算数据

按表 2-3-7 计算。

表 2-3-7　梳棉落棉试验表

纱特________　车号________　试验日期____年__月__日____班　温度________　相对湿度________

喂入棉卷重量(g)		制成棉条重量(包括回条)(g)		棉卷含杂率(%)		棉条含杂率(%)	
落棉名称	落棉重量(g)	落棉率(%)	落棉含杂率(%)	落棉含纤维率(%)	落杂率(%)	除杂效率(%)	
抄针棉							
盖板花							
前后车肚落棉							
合　计							

(四)计算公式

与开清棉机落棉试验基本相同,根据试验方法的不同,喂入重量可用喂入棉卷重量或制成棉条重量 + 回花重量表示。其中:

$$总除杂效率 = \frac{\sum 各部分落杂率}{棉卷含杂率} \times 100\%$$

$$某部分除杂效率 = \frac{某部分落杂率}{棉卷含杂率} \times 100\%$$

与开清棉落棉试验一样,如有必要,可手拣落棉中含杂内容供研究分析。

做清梳联合机的落棉试验时,开清棉部分与梳棉部分应同时进行。喂入重量应为试验棉条总重量与清梳联各机总落棉量之和。

(五)落棉数量与质量

1. 落棉数量

落棉包括刺辊落棉、盖板花和吸尘落棉,其中以刺辊落棉为最多。所以,为了节约用棉,首先应控制刺辊落棉率。纺纯棉时,刺辊落棉率一般为棉卷含杂率的 1.2 ~ 2.2 倍。根据一定的原棉性状、棉卷含杂和纺纱质量的要求,合理确定落棉率的范围。如纺中特纱、棉卷含杂为 1.5% 时,梳棉机的总落棉率一般控制在 3.5% ~4.5% ,其中刺辊落棉、盖板花和吸尘的落棉率分别为2.5%、0.8%、0.2%左右。

2. 落棉内容和质量

落棉内容和质量是指各部分落哪些杂质、落棉含杂率如何等，有的厂还控制落棉中的短绒率。

3. 落棉差异

同线密度纱的各机台间落棉率和除杂效率的差异要小，以有利于控制棉条重量不匀率。

在控制落棉率和落棉含杂率时，要符合各部除杂效率的要求。如刺辊除杂效率要求为60%、棉卷含杂率为1.5%时，则刺辊部分落杂率应为两者的乘积，即60% ×1.5% =0.9%；此时如刺辊落棉含杂率为36%，则刺辊落棉率应为0.9% ÷36% =2.5%。

刺辊部分在梳棉机上应为控制落棉的重点，但刺辊部分除杂效率的大小，还不能全面反映整台机器除杂数量的多少。因而控制落棉既要有重点又要全面，既要控制总的落棉率和除杂效率，又要根据各部落棉分工控制相应的比例。

根据目前的技术条件，原棉含杂率为3%左右时，开清棉的统破籽率控制在2.5% ~3.5%，棉卷含杂率控制在1% ~1.5%，经过梳棉后，棉卷中90%左右的杂质被清除掉，棉条中的杂质仅有0.08% ~0.15%。

二、USTER统计公报关于棉条条干 *CV* 值的统计值(2007版)(表2-3-8)

表2-3-8　纯棉棉条条干 *CV* 值

熟条定量(g/5m)	5%	25%	50%	75%	95%
29.5	2.63	3.18	3.9	4.58	5.18
28.7	2.65	3.18	3.85	4.49	5.01
27.6	2.67	3.18	3.79	4.38	4.86
26.9	2.69	3.18	3.74	4.29	4.74
26.2	2.71	3.18	3.70	4.20	4.63
25.3	2.73	3.18	3.64	4.11	4.52
24.6	2.75	3.18	3.56	4.04	4.42
24.0	2.77	3.18	3.57	3.96	4.33
23.3	2.79	3.18	3.52	3.87	4.22
22.7	2.81	3.18	3.49	3.81	4.14

模块三　粗纱的质量测试、分析与质量控制

纺织厂粗纱质量检测包括4项内容：粗纱重量不匀率、条干不匀率、捻度、伸长率的检测。通常来说，在纱线产品的生产过程中，粗纱重量不匀率的检测需要各品种每日每台至少试验一次，粗纱条干不匀率的检测需要每月每台至少试验二次，粗纱捻度的检测需要每月每台至少试验一次，粗纱伸长率的检测需要每月每台至少试验一次。

本项目分为4个任务：即粗纱重量不匀率的检测与控制、粗纱条干不匀率的检测与控制、粗纱捻度的检测与控制、粗纱伸长率的检测与控制。

任务1　粗纱重量不匀率的检测与控制

学习目标

1. 掌握粗纱重量不匀率的控制范围。
2. 掌握粗纱重量不匀率的测试。
3. 熟悉粗纱重量不匀率的控制措施。

任务引入

某厂生产JC9.7tex纯棉精梳纱，经过纺纱的第五道工序——粗纱工序后，生产出的粗纱如图3－1－1所示。试按照生产规程，检查粗纱重量不匀率。

图3－1－1　粗纱

任务分析

检测粗纱的重量不匀率主要是判断粗纱定量是否准确、结构是否良好，并直接决定了细纱的线密度及重量变异系数。粗纱重量不匀率常用Y301L型条粗测长器测量。

一般在当遇到不合格情况时，需要操作人员及时调整相关参数以改善粗纱质量。

相关知识

一、粗纱重量不匀率检测项目及控制范围

1. 粗纱重量不匀率

反映粗纱纵向不匀，是粗纱10m长度的重量差异。粗纱重量不匀率通常以10m长为片段，称重后计算。

用国产Y301L型条粗测长器测长并称重后用下列公式计算：

$$粗纱重量不匀率=\frac{2\times(片段平均重量-平均以下片段平均重量)\times平均以下片段数}{片段平均重量\times实验总数}\times100\%$$

2. 控制范围（表3－1－1）

表3－1－1　粗纱重量不匀率的控制范围

纤维类型	纯棉	精梳纱	化纤混纺纱
粗纱重量不匀率（%），不大于	1.1	1.3	1.2

二、控制粗纱重量不匀率的措施（表3－1－2）

表3－1－2　控制粗纱重量不匀率的措施

对粗纱重量不匀率产生影响的因素		控制粗纱重量不匀率的措施
粗纱重量不符标准	1. 牵伸变化齿轮调错 2. 喂入熟条定量搞错，不符合规定 3. 粗纱筒管标色搞错	1. 加强上机牵伸变换齿轮的检查 2. 控制前道熟条重量，加强检查，确保喂入熟条准确 3. 加强管理，正确使用筒管标色

任务实施

粗纱重量不匀率检测实验数据及分析控制。

1. 取样

每台至少取前排、后排粗纱各1只，小品种取样只数可适当增加，同一品种不得少于4只。每只粗纱至少试验10m两段。同一品种总试验段数不得少于20段。取样应在车头、车中、车尾任取或轮取，不得固定部位或粗纱的大小。

2. 粗纱重量不匀率

采用Y301L型条粗测长器按照项目二中的测试方法对粗纱进行检测，得出如下数据（表3－1－3）。

表3－1－3　粗纱重量不匀率测试数据

车　号		8									
序　号		1	2	3	4	5	6	7	8	9	10
粗纱重量（g/10m）	前排	4.37	4.36	4.35	4.36	4.36	4.36	4.37	4.37	4.35	4.37
	后排	4.36	4.38	4.36	4.37	4.38	4.37	4.39	4.35	4.36	4.34

由于：$n=20$，$n_1=11$，$\overline{X}=4.364\text{g}/10\text{m}$，$\overline{X}_1=4.355\text{g}/10\text{m}$。

则：

$$H_{重量}=\frac{2n_1(\overline{X}-\overline{X}_1)}{n\overline{X}}\times100\%=\frac{2\times11\times(4.364-4.355)}{20\times4.364}\times100\%=0.23\%$$

经过测试，粗纱的重量不匀率符合要求，完全达到了控制标准，并超过了 USTER 统计公报 5% 水平。

3. 粗纱回潮率

采用 Y802K 型通风式快速烘箱对粗纱进行回潮率试验。

试样烘干前的质量：50g；烘干后的干重：47.53g。

$$回潮率=\frac{试样湿重-试样干重}{试样干重}\times100\%=\frac{50-47.53}{47.53}\times100\%=5.2\%$$

考核评价

本任务的考核按照表 3－1－4 进行评分。

表 3－1－4　考核评分表

项　　目	分　　值				得　　分	
条粗测长器的操作	50（按照步骤操作，少一步骤扣 2 分）					
试验数据的计算	20（按照要求进行记录，对数据进行计算及分析，少一项扣 3 分）					
数据分析及控制	30（根据数据分析提出控制粗纱重量不匀率的措施）					
书写、打印规范	书写有错误一次倒扣 4 分，格式错误倒扣 5 分，最多不超过 20 分					
姓名		班级		学号	总得分	

思考与练习

在生产中纯棉熟条重量不匀率超过了 1.3%，分析原因，并提出控制措施。

任务 2　粗纱条干不匀率的检测与控制

学习目标

1. 掌握粗纱条干不匀率的控制范围。
2. 掌握粗纱条干不匀率的测试。
3. 熟悉粗纱条干不匀率的控制措施。

任务引入

试按照生产规程，检查任务1中粗纱的条干不匀率。

任务分析

粗纱条干不匀率与成纱条干不匀率显著相关，对布面条干和纱疵影响极大，与成纱重量不匀率、强力不匀率也有相当的关联；另外，检测粗纱的条干不匀率可以及时发现质量隐患，可以减少纱疵、提高产品质量。

粗纱条干不匀率用YG137型电容式条干均匀度测试分析仪检验。

一般在当遇到不合格情况时，需要操作人员及时调整相关参数以改善粗纱质量。

相关知识

一、粗纱条干不匀率及控制范围

1. 粗纱条干不匀率

反映粗纱纵向不匀，是粗纱每米片段内的不匀情况，它影响细纱重量不匀率、条干不匀率和强力不匀率。

2. 控制范围（表3-2-1）

表3-2-1　粗纱条干不匀率的控制范围

纺纱类型	纯棉			精梳纱	化纤混纺纱
	超细特、细特纱	中特纱	粗特纱		
粗纱条干不匀率（%）	6.9～9.5	6.5～9.1	6.1～8.7	4.5～6.8	4.5～6.8

二、控制粗纱条干不匀率的措施（表3-2-2）

表3-2-2　控制粗纱条干不匀率的措施

对粗纱条干不匀率产生影响的因素		控制粗纱条干不匀率的措施
粗纱条干不良	1. 摇架加压的弹簧失效、断裂，固定螺钉松动，调节螺钉走动 2. 摇架脚抓握持不良，胶圈销歪斜，胶辊与罗拉不平行 3. 上下胶圈过紧或过松，胶圈走偏、龟裂或无胶圈纺纱 4. 上下销钳口隔距过小或过大 5. 罗拉隔距过小或过大 6. 部分牵伸配置不当，或粗纱伸长率太大 7. 胶辊严重中凹，表面严重损坏，胶辊轴承缺油、损坏	1. 加强牵伸、加压、集合、喂入部件检修 2. 正确设计工艺及工艺上机检查 3. 正确加捻 4. 防止意外牵伸 5. 控制前道熟条质量 6. 注意控制车间温湿度

续表

	对粗纱条干不匀率产生影响的因素	控制粗纱条干不匀率的措施
粗纱条干不良	8. 严重的缠罗拉、胶辊，使罗拉弯曲、隔距走动，并影响同档加压的相邻锭子的粗纱条干 9. 牵伸齿轮爆裂、偏心、缺齿、键与键槽松动、键磨损或齿轮啮合不良 10. 上下胶圈偏移太大，隔距块碰下胶圈 11. 喂入棉条条干严重不匀，打褶或附有飞花 12. 粗纱捻度过大或过小 13. 锭翼严重摇头 14. 集合器不符要求、破损、轧煞或跳动 15. 车间相对湿度过低，粗纱回潮率在6%以下 16. 棉条跑出胶辊控制范围	

任务实施

1. 取样

每品种前后排锭子各2只/(台·次)，试验长度为100m。

2. 粗纱条干不匀率

采用YG137型电容式条干均匀度测试分析仪按照项目二中的测试方法测量粗纱的条干不匀率，得出如下数据(表3－2－3)。

表3－2－3　粗纱条干不匀率测试数据

机台	6				7				9			
锭号	17	18	19	20	21	22	23	24	29	30	31	32
条干不匀率(%)	3.80	3.76	3.70	3.78	3.91	3.93	3.51	3.97	3.83	3.90	3.70	3.87
平均	3.76				3.83				3.83			

本机台的条干不匀率均达到了控制范围，完全达到要求，接近USTER25%水平。

考核评价

本任务的考核按照表3－2－4进行评分。

表3－2－4　考核评分表

项　目	分　值				得　分	
条干均匀度测试分析仪的操作	60(按照步骤操作，少一步骤扣2分)					
检测试验数据	10(按照要求进行记录，对数据进行计算及分析，少一项扣2分)					
数据分析及控制	30(根据数据、图形分析控制熟条条干不匀率的措施)					
书写、打印规范	书写有错误一次倒扣4分，格式错误倒扣5分，最多不超过20分					
姓名		班级		学号		总得分

思考与练习

生产中,纯棉粗纱 USTER *CV* 值超过范围,试分析原因,并提出控制粗纱条干不匀率的措施。

任务3　粗纱捻度的检测与控制

学习目标

1. 掌握粗纱捻度及控制范围。
2. 掌握粗纱捻度的测试。
3. 熟悉粗纱捻度的控制措施。

任务引入

试按照生产规程,检查任务1中粗纱的捻度。

任务分析

粗纱捻度对细纱重量不匀率和条干均匀度都有很大影响。测试粗纱捻度可以了解实际捻度的多少,同时可检查捻度变换齿轮的齿数是否正确。

粗纱捻度常用Y321型捻度仪检验。

一般在当遇到不合格情况时,需要操作人员及时调整相关参数以改善粗纱质量。

相关知识

一、粗纱捻度及控制范围

1. 粗纱捻度

粗纱捻度通常以10cm长片段上的捻回数表示,测试后计算。

用国产Y321型捻度仪测试后用下列公式计算:

$$试验捻度(10cm)=\frac{计数蜗轮的读数+刻度盘的读数}{2.5}$$

2. 控制范围

粗纱捻度的控制以设计捻度为标准,允许范围是±1.5%。

二、Y321型捻度仪

粗纱捻度常用Y321型捻度仪(图3-3-1)检测,其结构如图3-3-2所示。在使用

Y321 型捻度仪检测时，一般各品种每月每台至少轮试 1 次，捻度变换齿轮调整后应随时试验。

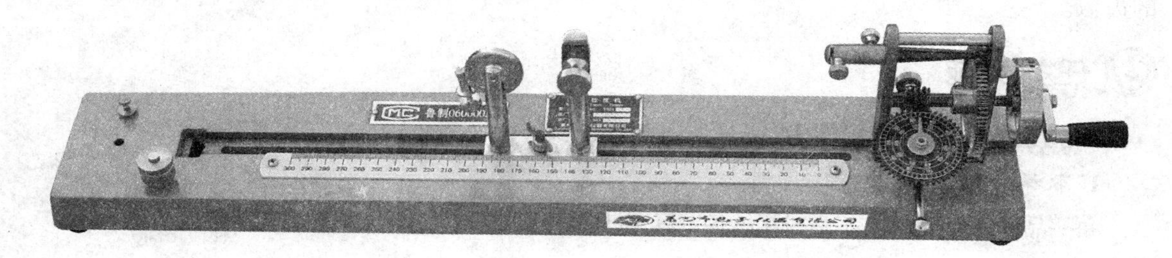

图 3 －3 －1　Y321 型捻度仪

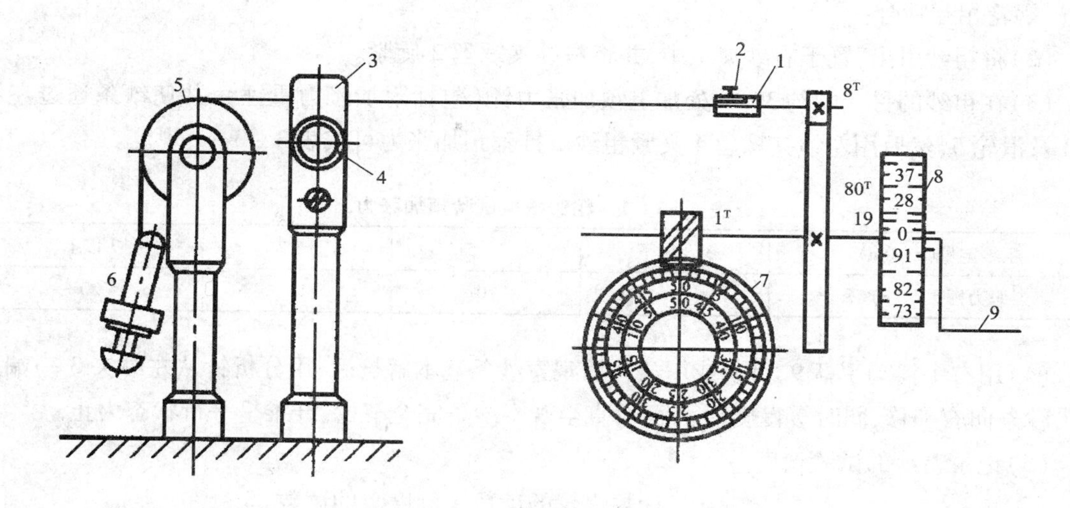

图 3 －3 －2　Y321 型捻度仪结构图

1—右纱夹　2—右纱夹螺丝　3—左纱夹　4—左纱夹螺丝　5—滑轮

6—预加张力锤　7—计数蜗轮　8—刻度盘　9—手柄

刻度盘 8 有表示 Z、S 两种捻向的两行刻度，每行有 10 个大分度，1 个大分度值相当于右纱夹转 1 转，每 1 个大分度有 10 小格，每 1 小格相当于右纱夹转 1/10 转。

蜗轮 7 表面的刻度圈有 50 个分度，1 个分度值相当于右纱夹转 10 转。刻度圈也有表示两种捻向的两行数字。

仪器附有放大倍数为 10 倍的放大镜，可以帮助确定纱条的捻向及检查纱条解捻的平行程度，它装在一支架上，前后左右位置可移动。

预加张力锤的结构如图 3 －3 －3 所示，使用时用手钦动簧芯，便可在进纱口处将纱条嵌入。

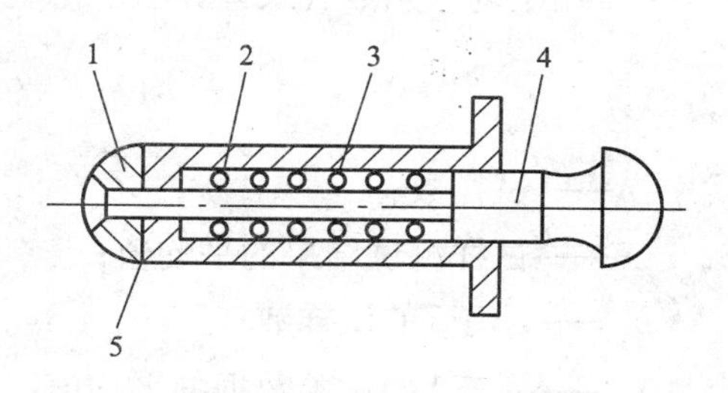

图 3 －3 －3　预加张力锤

1—头圈　2—弹簧　3—簧套　4—簧芯　5—进纱口

三、控制粗纱捻度的措施

按工艺设计的捻度变换齿轮工艺上机，当实测捻度差异较大时，可适当调整捻度变换齿轮的齿数。

任务实施

一、Y321 型捻度仪操作方法

1. 取样

每一品种每台至少取前、后排粗纱各一只，每只取 3 段试样，每段 25cm，机台过少的至少试 30 段。

2. 操作步骤

(1) 如图 3－3－2 所示，调整左右纱夹距离为 25cm，计数蜗轮 7、刻度盘 8 对准 0 位，并使蜗杆、蜗轮相互啮合。

(2) 将粗纱引出，置于右纱夹 1 中，并将右纱夹螺丝 2 旋紧。

(3) 在粗纱的另一端约 30cm 处加上预加张力锤（包括附加张力重锤），并使纱条通过左纱夹 3 及滑轮 5，然后用左纱夹螺丝 4 夹紧粗纱。推荐预加张力可按表 3－3－1 规定。

表 3－3－1　粗纱捻度试验预加张力

粗纱定量(g/10m)	3 及以下	3～5	5～7	7 以上
张力锤重量(g)	5	10	15	20

(4) 用右手摇动手柄 9，目视或用放大镜观察纱条基本解捻后，用分析针从左纱夹 3 一端开始沿纱条向右平移，同时缓慢旋动手柄 9，直至观察纱条完全解捻、纤维呈平行状态为止。

(5) 记录粗纱的试验捻度。

$$试验捻度 = \frac{计数蜗轮的读数 + 刻度盘的读数}{2.5}$$

(6) 试验结束后，将左右纱夹及张力锤松开。

二、试验数据的计算

(1) 计算粗纱平均捻度。

(2) 用平均差系数公式计算粗纱捻度不匀率。

$$平均差系数\ H = \frac{2n_1(\overline{X} - \overline{X}_1)}{n\overline{X}} \times 100\%$$

式中：n——试样数；

$\overline{X}$——试样测试结果的平均值；

n_1——小于$\overline{X}$的试样数；

$\overline{X}_1$——小于$\overline{X}$的试验数据的平均值。

(3) 计算粗纱的实际捻系数。

$$粗纱的实际捻系数 = \sqrt{粗纱的设计线密度} \times 粗纱平均捻度$$

三、粗纱捻度的实验数据及分析控制

采用 Y321 型捻度仪对粗纱捻度进行检测，得出数据(表 3－3－2)。

表 3－3－2　粗纱捻度的测试数据

序号	1	2	3	4	5	6	7	8	9	10	11	12	13	14	15
数据	4.52	4.51	4.36	4.54	4.51	4.58	4.53	4.60	4.56	4.55	4.57	4.52	4.56	4.59	4.62
序号	16	17	18	19	20	21	22	23	24	25	26	27	28	29	30
数据	4.57	4.54	4.54	4.61	4.58	4.53	4.58	4.58	4.55	4.57	4.54	4.60	4.62	4.61	4.62

1. 粗纱平均捻度

$$\overline{X}=\frac{\sum_{n}^{1}x}{n}=\frac{136.76}{30}=4.56(\text{捻回}/10\ \text{cm})$$

2. 粗纱捻度不匀率

由于：$n=30$，$\overline{X}=4.56$ 捻回/10cm，$n_1=13$，$\overline{X}_1=4.52$ 捻回/10cm。

则：

$$H_{\text{捻度}}=\frac{2n_1(\overline{X}-\overline{X}_1)}{n\overline{X}}\times 100\%=\frac{2\times 13\times(4.56-4.52)}{30\times 4.56}\times 100\%=0.76\%$$

3. 粗纱的实际捻系数

$$\text{粗纱的实际捻系数}=\sqrt{\text{粗纱的设计线密度}}\times\text{粗纱平均捻度}$$
$$=\sqrt{378}\times 4.56=88.66$$

其中，粗纱的设计线密度为 378tex。

4. 数据分析

计算捻度(捻/10cm)为 4.62 捻回/10cm；实际的测试捻度与之相差 0.06 捻回/10cm(1.30%)，在允许的范围之内。

考核评价

本任务的考核按照表 3－3－3 进行评分。

表 3－3－3　考核评分表

项　目	分　值				得　分	
捻度仪的操作	60(按照步骤操作，少一步骤扣 2 分)					
检测试验数据	10(按照要求进行记录，对数据进行计算及分析，少一项扣 2 分)					
数据分析及质量控制	30(根据数据分析控制粗纱捻度的措施)					
书写、打印规范	书写有错误一次倒扣 4 分，格式错误倒扣 5 分，最多不超过 20 分					
姓名		班级		学号		总得分	

思考与练习

生产中,粗纱捻度超过允许范围,试分析原因,并提出控制粗纱捻度的措施。

任务4 粗纱伸长率的检测与控制

学习目标

1. 掌握粗纱伸长率的控制范围。
2. 熟悉粗纱伸长率的测试。
3. 熟悉粗纱伸长率的控制措施。

任务引入

试按照生产规程,检查任务1中粗纱的伸长率。

任务分析

粗纱伸长率可以间接地反映粗纱张力的大小,粗纱伸长率常在线进行检验。

一般在当遇到伸长率超出范围时,需要及时调整相关参数以保证粗纱质量。

相关知识

一、粗纱伸长率及控制范围

1. 粗纱伸长率

定期测定粗纱伸长率,可以了解粗纱张力变化的趋势,以便于技术人员及时调整工艺参数以保持生产稳定。

粗纱伸长率是实测粗纱长度与理论计算长度之差对理论计算长度比值的百分率。其中理论计算长度是在一定时间内前罗拉的输出长度,实际长度是前罗拉规定转数内的实际输出粗纱长度。测试时先在前罗拉钳口处或锭翼顶端处的纱条上做上有色标记作为始点,开满规定转数停车时,在纱条上做个标记作为终点,然后用测长器测量这段粗纱的实际长度。

$$粗纱伸长率=\frac{实际长度(m)-计算长度(m)}{计算长度(m)}\times 100\%$$

一般规定,每台粗纱机任选前、后排各取一锭进行测试,一落纱中应分别测试小、中、大纱的伸长率。

2. 控制范围(表3-4-1)

表3-4-1　粗纱伸长率的控制范围

检测项目	纯　棉	精梳纱	化纤混纺纱
粗纱伸长率(%)	1.5~2.5	1.5~2.5	-0.5~1.5

二、控制粗纱伸长率的措施

(一)粗纱伸长率对细纱的影响

(1)粗纱机台与台之间或一落纱内小、中、大纱间的伸长率差异过大,将影响细纱重量不匀率。

(2)伸长率过大易使粗纱条干不匀率恶化。

(3)伸长率过大或过小都会增加粗纱机的断头率。

(二)控制粗纱伸长率的措施(表3-4-2)

表3-4-2　控制粗纱伸长率的措施

影响粗纱伸长率因素	后　果	控制粗纱伸长率的措施
锥轮皮带起始位置不当	使粗纱小纱伸长率偏大或偏小	调整锥轮皮带起始位置
张力变换齿轮配置不当	使粗纱大纱伸长率偏大或偏小	调整张力变换齿轮齿数
锥轮曲线设计不当	调整锥轮皮带起始位置或调整张力变换齿轮都无法使粗纱小、中、大纱的伸长率校正正常	修正锥轮曲线或加装粗纱张力补偿机构
粗纱机不一致系数大于0.05%	在粗纱卷绕过程中产生附加速度,使粗纱伸长率差异增大	将差动机构轮系或有关传动轮系进行改造
粗纱轴向卷绕密度过密或过稀	引起粗纱径向卷绕直径的变化,使粗纱伸长率明显变化	调整升降变换齿轮齿数
前、后排粗纱伸长率差异过大	使粗纱前、后排伸长率差异超过控制指标	锭翼顶端刻槽加装假捻器,适当增加粗纱捻系数,以及通过前、后排锭翼顶端和压掌处的不同绕纱圈数进行调整。悬锭粗纱机加高后排锭翼,使前、后排导纱角一致
温度偏高,湿度偏大	使粗纱在锭翼及压掌处的摩擦阻力增加,造成伸长率增大	适当增加粗纱捻系数
粗纱捻系数增加	纱条密度增加,纱条纤维间抱合力增加,径向卷绕密度略有增加,有利于降低粗纱伸长率	将锥轮皮带起始位置略向主动锥轮大端移动
粗纱锭速增加	加剧前罗拉至锭翼顶端的纱条抖动,使伸长率增大	适当增加捻系数
锭翼通道毛糙	在粗纱通过时摩擦阻力增加,使伸长率增大	加强锭翼保养检修,使通道光洁
粗纱筒管直径差异大	影响一落纱中各锭粗纱的伸长率大小不一致,使成纱重量不匀率恶化	控制筒管直径差异不超过±1.5mm,并经常进行检查

任务实施

一、粗纱伸长率的测试方法

(1)选择直径符合标准的粗纱筒管前后排各2只。

(2)关车,将转数表(3位以上的)固装在前罗拉轴头上。如无转数表,可在后罗拉轴头上做好标记。

(3)在前罗拉输出须条上涂上粉记,然后开车。

(4)待转数表计数500转左右或目测后罗拉60转左右后停车,在前罗拉输出须条上原来粉记处再做好粉记。

(5)开车,待粉记卷绕在粗纱筒管上后关车取样。

使用上述方法,分别在小纱或大纱上进行测试。测试小纱一般可在空管卷绕第3层后开始;大纱测试可在离满纱前4~5层(可按规定满纱长度掌握)时进行。试验时注意测试锭子不可断头(断头后应重试),试验过程中不要调整卷绕工艺参数或收、放张力变化齿轮和调换齿轮。大纱、小纱可分别在临近的同排锭子上进行。

(6)取下样纱,在圆筒测长器上按粗纱试验规定的方法,实测每次试验两个粉记间粗纱的实际长度。纱尾长度不足1m时,可用尺度量,精确度为1cm。

二、试验数据的计算

1. 粗纱计算长度

$$粗纱计算长度=实测前罗拉转数\times\pi\times前罗拉直径$$

或

$$粗纱计算长度=实测后罗拉转数\times后\sim前罗拉的机械牵伸倍数\times\pi\times前罗拉直径$$

计算长度也应精确至1cm。为了工作方便,可算好表格查看。

2. 粗纱伸长率

$$粗纱伸长率(\%)=\frac{实际长度(m)-计算长度(m)}{计算长度(m)}\times100\%$$

粗纱伸长率取两位小数。分别计算前后排4锭的大纱、小纱伸长率和4锭平均的大纱、小纱伸长率。

三、粗纱伸长率的实验数据及分析控制

1. 粗纱伸长率的检测数据(表3-4-3)。

表3-4-3 粗纱捻度的测试数据

粗纱计算长度(m)	前排大纱实际长度(m)		后排大纱实际长度(m)		大纱平均伸长率(%)	前排小纱实际长度(m)		后排小纱实际长度(m)		小纱平均伸长率(%)
43.96	45.14	45.08	44.62	44.67	—	44. 92	44.80	44.36	44.45	—

续表

粗纱计算长度(m)	前排大纱实际长度(m)		后排大纱实际长度(m)		大纱平均伸长率(%)	前排小纱实际长度(m)		后排小纱实际长度(m)		小纱平均伸长率(%)
伸长率(%)	2.68	2.55	1.50	1.62	1.81	2.18	1.91	0.91	1.11	1.80
平均(%)	2.62		1.56		—	2.05		1.01		—

2. 数据分析及控制

根据表3－4－1，前排大纱的伸长率超出要求的标准，并且前后排的差异较大，后排大纱的伸长率符合要求；前、后排小纱的伸长率都符合要求，但前排比后排略大。

在实际生产中采用了以下措施。

(1)减少成形齿轮齿数一齿，使前排的大纱达到了伸长率的要求范围。

(2)更换前排的假捻器，增加其假捻效果，从而使前、后排的伸长率差异变的比较小。

考核评价

本任务的考核按照表3－4－4进行评分。

表3－4－4　考核评分表

项　目	分　　值				得　分	
粗纱实际长度的测试	40(按照步骤操作，少一步骤扣2分)					
粗纱伸长率的计算	30(按照要求进行记录，对数据进行计算及分析，少一项扣2分)					
数据分析及质量控制	30(根据数据分析控制粗纱伸长率的措施)					
书写、打印规范	书写有错误一次倒扣4分，格式错误倒扣5分，最多不超过20分					
姓名		班级		学号	总得分	

思考与练习

生产中，粗纱伸长率超过允许范围，试分析原因，并提出控制粗纱伸长率的措施。

知识拓展

USTER统计公报关于粗纱的统计值(2007版)。

1. 纯棉普梳粗纱(表3－4－5)

表3－4－5　纯棉普梳粗纱

粗纱定量(g/10m)	重量 *CV* 值(%)					条干 *CV* 值(%)				
	5%	25%	50%	75%	95%	5%	25%	50%	75%	95%
14.8	0.43	0.56	0.73	0.94	1.26	4.33	5.05	5.82	6.77	7.98
11.8	0.46	0.60	0.79	1.03	1.39	4.47	5.16	5.93	6.85	7.99

续表

粗纱定量(g/10m)	重量 CV 值(%)					条干 CV 值(%)				
	5%	25%	50%	75%	95%	5%	25%	50%	75%	95%
9.8	0.48	0.63	0.85	1.12	1.51	4.58	5.26	6.03	6.92	7.99
8.4	0.50	0.66	0.89	1.19	1.62	4.68	5.34	6.10	6.98	8.00
7.4	0.51	0.68	0.94	1.26	1.72	4.76	5.42	6.17	7.04	8.00
6.6	0.53	0.71	0.98	1.32	1.81	4.84	5.48	6.23	7.08	8.01
5.9	0.54	0.73	1.02	1.38	1.89	4.91	5.54	6.29	7.12	8.01
5.4	0.56	0.75	1.05	1.44	1.97	4.97	5.60	6.34	7.16	8.02
4.9	0.57	0.77	1.08	1.49	2.05	5.03	5.65	6.39	7.20	8.02
4.5	0.58	0.79	1.11	1.54	2.12	5.09	5.70	6.43	7.23	8.02
4.2	0.59	0.80	1.14	1.59	2.20	5.14	5.74	6.47	7.26	8.03
3.9	0.60	0.82	1.17	1.64	2.26	5.19	5.78	6.51	7.29	8.03
3.7	0.61	0.84	1.20	1.68	2.33	5.24	5.82	6.54	7.31	8.03
3.5	0.62	0.85	1.22	1.73	2.39	5.28	5.85	6.58	7.34	8.03
3.3	0.63	0.86	1.25	1.77	2.45	5.32	5.89	6.61	7.36	8.04

注 试样来源:南北美洲 24%,欧洲 6%,非洲 30%,亚洲、大洋洲 40%。

2. 纯棉精梳粗纱(表 3-4-6)

表 3-4-6 纯棉精梳粗纱

粗纱定量(g/10m)	重量 CV 值(%)					条干 CV 值(%)				
	5%	25%	50%	75%	95%	5%	25%	50%	75%	95%
9.8	0.38	0.53	0.78	1.14	1.72	3.05	3.49	3.97	4.51	5.35
8.4	0.39	0.55	0.80	1.15	1.71	3.08	3.52	3.99	4.54	5.35
7.4	0.41	0.57	0.82	1.16	1.70	3.11	3.54	4.01	4.56	5.36
6.6	0.42	0.58	0.83	1.18	1.70	3.14	3.57	4.03	4.58	5.37
5.9	0.43	0.59	0.85	1.19	1.69	3.17	3.59	4.05	4.59	5.37
5.4	0.44	0.61	0.86	1.20	1.69	3.19	3.61	4.06	4.61	5.37
4.9	0.45	0.62	0.88	1.21	1.68	3.21	3.62	4.07	4.62	5.38
4.5	0.46	0.63	0.89	1.22	1.68	3.23	3.64	4.09	4.63	5.38
4.2	0.47	0.64	0.90	1.22	1.67	3.25	3.65	4.10	4.64	5.39
3.9	0.48	0.65	0.91	1.23	1.67	3.27	3.67	4.11	4.66	5.39
3.7	0.49	0.66	0.92	1.24	1.66	3.28	3.68	4.12	4.67	5.39
3.5	0.50	0.67	0.93	1.25	1.66	3.31	3.69	4.13	4.68	5.39
3.3	0.51	0.67	0.94	1.25	1.66	3.33	3.71	4.14	4.68	5.40
3.1	0.51	0.68	0.95	1.26	1.65	3.33	3.72	4.15	4.69	5.40

续表

粗纱定量 (g/10m)	重量 CV 值(%)					条干 CV 值(%)				
	5%	25%	50%	75%	95%	5%	25%	50%	75%	95%
3.0	0.52	0.69	0.96	1.26	1.65	3.34	3.73	4.15	4.70	5.40
2.8	0.53	0.70	0.97	1.27	1.65	3.35	3.74	4.16	4.71	5.40
2.7	0.53	0.70	0.98	1.28	1.65	3.36	3.75	4.17	4.72	5.41
2.6	0.54	0.71	0.98	1.28	1.64	3.37	3.76	4.18	4.72	5.41
2.5	0.55	0.72	0.99	1.29	1.64	3.38	3.76	4.18	4.73	5.41
2.4	0.55	0.72	1.00	1.29	1.64	3.40	3.77	4.19	4.74	5.41
2.3	0.56	0.73	1.01	1.29	1.64	3.41	3.78	4.20	4.74	5.41
2.2	0.56	0.74	1.01	1.30	1.63	3.42	3.79	4.20	4.75	5.42
2.1	0.57	0.74	1.02	1.30	1.63	3.42	3.80	4.21	4.75	5.42
2.0	0.57	0.75	1.03	1.31	1.63	3.43	3.80	4.21	4.76	5.42
1.9	0.58	0.75	1.03	1.31	1.63	3.44	3.81	4.22	4.77	5.42

注　试样来源：南北美洲 10%，欧洲 16%，非洲 9%，亚洲、大洋洲 65%。

模块四　纱线的质量测试、分析与质量控制

纺织厂纱线质量检测主要包括 7 项内容:成纱线密度、成纱条干均匀度、成纱断裂强力及断裂伸长率、成纱捻度、纱疵、成纱毛羽以及外观质量的检测。筒纱还要检测回潮率。通常来说,在纱线产品的生产过程中,成纱线密度、成纱条干均匀度、成纱断裂强力及断裂伸长率、外观质量每个品种每批试验 1 次,成纱捻度每个品种、每台机器每季至少轮试 1 次,纱疵每天每台试验 1 次,成纱毛羽可根据生产的需要和产品要求进行试验。

本项目分为 8 个任务:即成纱线密度的检测与控制,成纱条干均匀度的检测与控制,成纱断裂强力、断裂伸长率的检测与控制,成纱捻度的检测与控制,成纱疵点的检测与控制,成纱毛羽的检测与控制,纱线外观质量的检测,纱线成包回潮率测试。

任务 1　成纱线密度的检测与控制

学习目标

1. 掌握成纱线密度的检测。
2. 熟悉成纱线密度的控制措施。

任务引入

某厂生产 JC9.7tex 纯棉精梳纱,经过纺纱的第六道工序——成纱工序后,生产出的纱线如图 4-1-1 所示。试按照生产规程,检查成纱线密度。

图 4-1-1　纱线

任务分析

检测成纱线密度主要是衡量细纱机纺出的纱粗细是否符合设计的要求，由此计算的重量偏差率又是纱线定“等”是否顺降的依据。重量变异系数是纱线定等的指标之一，是衡量纱线长片段重量波动的一个指标。成纱线密度常用 YG086 型缕纱测长仪测量。

一般在当遇到不合格情况时，需要操作人员及时调整细纱机牵伸变换齿轮或生产中微量调节末道并条机设计重量，以达到成纱线密度的设计要求。

相关知识

一、成纱线密度检测项目

1. 成纱线密度

纱线线密度是描述纱线粗细程度的常用指标之一，法定单位为特克斯（tex），即每千米（km）纱线（或单丝）所具有的公定重量（g）。纱线线密度决定织物的品种、用途、风格和物理力学械性能。纱线线密度测试要确定试样的长度、质量，其中长度测定用框架式测长仪，质量测定用电子天平，用通风式快速烘箱对纱样进行烘干。

$$线密度(\text{tex}) = \frac{烘干质量(\text{g})}{试样100圈(100\text{m})} \times (1 + 公定回潮率) \times 10$$

线密度保留 1 位小数。

2. 重量偏差率

$$重量偏差率 = \frac{实际干重 - 设计干重}{设计干重} \times 100\%$$

实际干重与设计干重均为 100m 的干重（g）。重量偏差率保留 1 位小数。按上式计算出来的“+”值表示线密度偏大，“-”值则表示线密度偏小。

3. 重量变异系数（*CV* 值）

$$重量变异系数(CV值) = \frac{\sqrt{\dfrac{\sum_{i=1}^{n}(x_i - \bar{x})^2}{n}}}{\bar{x}} \times 100\%$$

式中：x_i——各次测得数据值；

$\bar{x}$——测试数据平均值；

n——试验总个数。

控制范围见附表 2。

4. 回潮率

$$回潮率 = \frac{试样湿重 - 试样干重}{试样干重} \times 100\%$$

二、YG086 型缕纱测长仪

成纱线密度常用 YG086 型缕纱测长仪检测，仪器如图 4－1－2 所示。在使用 YG086 型缕纱测长仪检测时，一般每个品种每批试验 1 次，牵伸变换齿轮调整后应随时试验。

图 4－1－2　YG086 型缕纱测长仪

1—控制机构：电源开关、启停开关、调速旋钮　2—纱锭插座　3—张力机构
4—张力调节器　5—导纱器　6—排纱器　7—显示器
8—摇纱框　9—主机箱　10—仪器基座

缕纱测长仪的纱框周长为 1000mm ±0.2mm。缕纱测长仪由单片微机控制，可以设定绕取圈数，每圈（纱框周长）1m，预加张力可以调节，仪器启动后电动机带动纱框转动，按规定绕取一定长度的缕纱（一绞）。

摇取管纱时，先调整预置圈数表为 100，原纱从纱锭插座上引出，经导纱器、张力调节器与排纱器，然后将纱头绕在摇纱框的夹片上。启动缕纱测长仪后绕取缕纱至纱框停转。满缕后应将纱的头、尾接好，接头长度不超过 1cm（目前不测定缕纱强力，也可以不接头，将纱头在夹片处摘断即可），然后扳动纱框上的缓释手柄，纱框臂缩拢后逐缕取下缕纱。

三、控制成纱线密度，降低重量偏差和重量变异系数

（1）纱线的线密度和重量变异系数、重量偏差是重要的质量指标，它直接关系到生产工厂与用户的利益，因此必须十分重视和认真控制。我国现行棉型纱线的产品标准规定百米重量偏差均不大于 ±2.5%；转杯纺不大于 ±2.8%。百米重量变异系数则随分等而定。

（2）降低纱线的重量变异系数和重量偏差，在细纱机上重点要加强牵伸机构与粗纱喂入的设备和工艺管理，如摇架加压的调整与统一、胶辊胶圈的保养及粗纱捻度的配置适当等，在操作上要做好粗纱的对口供应，消除粗纱飘头搭附到相邻粗纱上造成双根喂入，防止粗纱退绕中产

生意外伸长等。

(3)降低纱线的重量变异系数和重量偏差,控制好前纺各道工序半制品的重量不匀与重量偏差是基础保证。尤其是熟条的重量不匀与重量偏差经过粗纱工序不能得到改善,会直接影响成品纱的质量,因此必须严格控制熟条的指标。在较新型的前纺设备上,都采用了清棉、梳棉、并条各道工序的自调匀整装置,可以大大改善不同片段的质量不匀,能有效地提高成品纱的质量。

任务实施

一、测试程序与操作

(一)取样

取样是从同一品种全部机台的头、中、尾部两侧随机拔取管纱作为试样。拔取时不得固定部位,不得在同一锭带传动的锭子上拔取两个管纱,不满两缕(200m)的小纱不拔取(可稍缓取样)。拔取管纱数及试验次数按表4-1-1规定。

表4-1-1　每个品种拔取管纱数与试验次数

同一品种开台数	每台机上抽取的管纱数	每个管纱上的摇取缕数	全部机台总的试验次数
1	30	1	30
2	15	1	30
3	10	1	30
4	7~8	1	30
5	6	1	30
6	5	1	30
7	4~5	1	30
8~9	3~4	1	30
10	3	1	30
11~14	2~3	1	30
15	2	1	30
16~29	1~2	1	30
30及以上	1	1	30及以上

注　1.生产厂为减少拔管数,开台数在5台及以下的品种,可拔取15管每管摇取2缕。

2.开台数在5台及以下或一昼夜产量不足0.2吨的品种,生产厂可规定两天或三天成批,每批试验一次(此点为非标准规定)。

(二)试验条件

根据GB/T 6529—2008的规定,有三级温湿度控制标准(表4-1-2)。

表 4-1-2　三级温湿度控制标准

级别	温度(℃)	相对湿度(%)	预　调　湿
一级	20±2	65±2	将试样放在标准要求大气中作预调湿,时间不少于4h,然后暴露于试验用标准大气中24h,或暴露至少30min,质量变化不大于0.1%
二级		65±3	
三级		65±5	

为了迅速检验产品质量,也可采用快速试验方法。快速试验可以在接近车间温湿度条件下进行。试验地点的温湿度必须稳定,并不得故意偏离标准条件。

(三)操作步骤

(1)从纱线卷装中退绕,除去开头几米,并将纱线头引入到缕纱测长仪的纱框上,启动仪器,摇出缕纱,作为待测试样。纱线长度要求如表 4-1-3 所示。卷绕时应按表 4-1-4 要求设置一定的卷绕张力。

表 4-1-3　缕纱长度要求

纱线(tex)	低于12.5	12.5~100	大于100
缕纱长度(m)	100,200	100	10

表 4-1-4　摇纱张力

纱线品种	非变形纱及膨体纱	针织绒和粗纺毛纱	其他变形纱
张力要求(cN/tex)	0.5±0.1	0.25±0.05	1.0±0.2

(2)从测长仪上取下缕纱,待测。

(3)调整电子天平,使其处于水平状态,并调整零位。

(4)用电子天平对每缕纱依次称重,并称总质量(精确至0.01g),逐个记录。

(5)将绕取的缕纱通过通风式快速烘箱烘干,在箱体内对试样进行称重。

(6)测量烘干缕纱的质量:开启烘箱的电源开关,按表 4-1-5 设定烘燥温度,把缕纱困在一起放入烘箱中的烘篮中,按下烘燥启动按键,将试样烘至恒重。称重时关断加热电源和通风气流(按下烘燥停止按键),用钩篮器钩住烘篮,1min 后开始逐篮称重,10min 内称完,记录每个试样质量;继续烘燥,间隔一定时间后再进行第二次称重,当两次称重的质量变化≤0.05%时,可以认为已经烘干至恒重。

表 4-1-5　不同材料试样烘燥温度要求

材　料	腈　纶	氯　纶	桑蚕丝	其他所有纤维
烘燥温度(℃)	110±2	77±2	140±2	105±2

称重前,如在取样时将当天所取细纱的细纱机的机号和锭号等记录好,摇取缕纱与称重时均按车号先后顺序排列好,则在称重完成后,将有疑问的细纱机车号到细纱间捉疵,往往能取得相当满意的效果。

二、试验数据及分析控制

采用 YG086 型缕纱测长仪、电子天平及烘箱对成纱 100m 质量进行检测，得出实验数据（见表 4-1-6 所示）。

表 4-1-6　成纱 100m 的测试数据

序　　号	1	2	3	4	5	6	7	8	9	10
100m 质量（g）	0.989	0.982	0.974	0.976	0.986	0.965	0.978	0.975	0.970	0.984
序　　号	11	12	13	14	15	16	17	18	19	20
100m 质量（g）	0.976	0.963	0.991	0.978	0.987	0.974	0.975	0.972	0.980	0.977
序　　号	21	22	23	24	25	26	27	28	29	30
100m 质量（g）	0.975	0.978	0.971	0.979	0.975	0.987	0.976	0.980	0.973	0.962
总质量（g）	29.308		平均质量（g）			0.977	设计干重（g）			0.896
烘前质量（g）	29.323		烘后质量（g）			27.220	实测干重（g）			0.907
实测号数（tex）	9.8		重量偏差（%）			+1.2	重量变异系数（%）			0.71

1. 线密度

$$\text{线密度(tex)} = \frac{\text{烘干质量}}{\text{试样缕数(m)}} \times (1 + \text{公定回潮率}) \times 10$$

$$= \frac{27.220}{30} \times (1 + 8.5) \times 10$$

$$= 9.8(\text{tex})$$

2. 重量偏差率

$$\text{重量偏差率} = \frac{\text{实际干重} - \text{设计干重}}{\text{设计干重}} \times 100\% = \frac{0.907 - 0.896}{0.896} \times 100\% = +1.2\%$$

3. 重量变异系数（CV 值）

$$\text{重量变异系数(}CV\text{值)} = \frac{\sqrt{\dfrac{\sum_{i=1}^{n}(x_i - \bar{x})^2}{n}}}{\bar{x}} \times 100\% = \frac{\sqrt{\dfrac{0.001448}{30}}}{0.977} \times 100\% = 0.71\%$$

式中 x_i——各次测得数据值；

$\bar{x}$——测试数据平均值；

n——试验总个数。

4. 回潮率

$$\text{回潮率(\%)} = \frac{\text{试样湿重} - \text{试样干重}}{\text{试样干重}} \times 100\% = \frac{29.323 - 27.220}{27.220} \times 100\% = 7.7\%$$

5. 数据分析

成纱线密度符合要求，重量偏差在控制的范围内，重量变异系数同样在控制的范围内。

考核评价

本任务的考核按照表4－1－7进行评分。

表4－1－7　考核评分表

项目	分值				得分	
缕纱测长仪的操作	40（按照步骤操作，少一步骤扣2分）					
试验数据的计算	30（按照要求进行记录，对数据进行计算，少一项扣3分）					
数据分析及质量控制	30（根据数据分析提出控制细纱线密度的整改措施）					
书写、打印规范	书写有错误一次倒扣4分，格式错误倒扣5分，最多不超过20分					
姓名		班级		学号	总得分	

思考与练习

成纱百米重量偏差大于2.5%，试分析原因，并提出整改措施。

任务2　成纱条干均匀度的检测与控制

学习目标

1. 掌握成纱条干均匀度的检测。
2. 熟悉成纱条干均匀度的控制措施。

任务引入

试按照生产规程，检查任务1中成纱的条干均匀度。

任务分析

成纱条干均匀度用YG137型电容式条干均匀度测试分析仪检验。

一般在当遇到不合格情况时，需要操作人员及时调整相关参数以改善成纱质量。

相关知识

一、成纱条干均匀度检测项目及控制范围

1. 成纱条干不匀率

反映成纱纵向不匀，是成纱短片段的不匀情况，它影响成纱的捻度分布、强力均匀及成纱伸长率等。

2. 千米细节、粗节、棉结数

条干仪可检测常发性纱疵，分为细节、粗节、棉结。纱疵检测的作用，一方面可发现前道工序的加工质量，例如，由于精梳工艺参数调节不当，引起竹节多，造成棉结增加；另外，各道工序的飞花附入，也可引起棉结。另一方面可间接估计原料的优劣，例如原棉的成熟度是否适当等。表 4-2-1 为纱疵灵敏度的定义。

表 4-2-1　纱疵灵敏度的定义

疵点类型	设定值	灵敏度定义		程　度
细节	-60%	比纱线平均截面细	60% 及以上	严重细节
	-50%		50% 及以上	细节
	-40%		40% 及以上	小细节
	-30%		30% 及以上	很小细节（可忽略）
粗节	+100%	比纱线平均截面粗	100% 及以上	大粗节
	+70%		70% 及以上	粗节（距离几米能看到）
	+50%		50% 及以上	小粗节（近距离能看到）
	+35%		35% 及以上	很小粗节（可忽略）
棉结	+400%	比纱线平均截面粗（以 1mm 作为参考长度）	400% 及以上	大棉结
	+280%		280% 及以上	棉结（距离几米能看到）
	+200%		200% 及以上	小棉结（近距离能看到）
	+140%		140% 及以上	很小的棉结

3. 波谱图

条干不匀率的波谱分析能够较正确地分析条干不匀率的结构性质，分析造成不匀的有关因素，对于减少纱疵，改善条干具有较大的作用。波谱仪可以分析 1 ~ 20m 乃至更长的不匀率波长的波幅的相对大小，帮助判断产生不匀的原因。

(1) 波谱图的组成。纱条截面不匀的波谱图如图 4-2-1 所示。横坐标表示不匀率对数的波长，纵坐标表示各波长振幅的相对大小。波谱图概括说来可以理解为由 4 种不匀率成分所组成，如图 4-2-1 中 A、B、C、D 所示。

在图 4-2-1 中，A 与 B 属于正常的波谱图，分析波谱图中 C、D 的特征——波长、波幅和形态，便可了解纱条不匀率的性质，估计它对织物外观的影响，及时找出纺纱工艺或机械的缺陷。这对于改善实物条干、减少突发性纱疵，能起一定的指导作用。

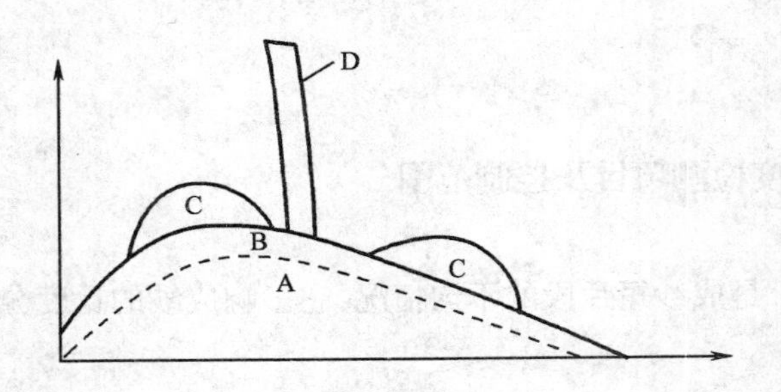

图 4-2-1　波谱图的组成

A—理想纱条的理论波谱图　B—由于纤维、机械、工艺不完全符合理想所形成的正常波谱图

C—由于牵伸工艺不良造成牵伸波的图形　D—由于机械不良形成规律性(周期性)不匀的图形

(2)实际波谱图和正常波谱图。

①实际波谱图。在实际纱条中,包含有各种不匀因素。因此,实际波谱图的振幅总是相对高于理想的波谱图。纱条在纺纱过程中,经多次牵伸作用,存在着纤维运动而产生的随机不匀,形成一个跨多个频道的准周期性的变异,反映在波谱图中,即存在一个山峰形态,如图 4-2-2 中所示。

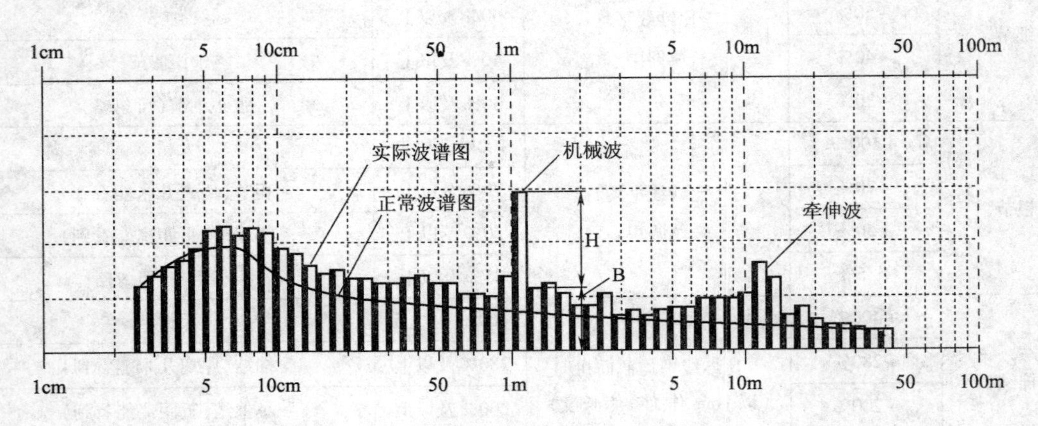

图 4-2-2　实际波谱图与正常波谱图的对比

在实际波谱波中,除上述的特征峰外,有可能存在机械性缺损而产生的周期性不匀波,使波谱图在正常的随机不匀外再叠加上如烟囱状的振幅突起,通常即称为机械波。或由于牵伸装置部分的工艺不当,在波谱图上出现跨几个频道的小山状的牵伸波。

②正常波谱图。正常波谱图是指纱条上不存在疵点的波谱图,在分析实际波谱图时可用以作比较,以评判实际纱条中存在的问题。

画出正常波谱图,作分析比较的步骤如下。

a. 计算出波谱图最高峰的波长位置:

$$\lambda_{max} = 2.82 \times \text{纤维的平均长度}$$

一般情况下,非等长纤维的波谱图最高峰处的波长约为纤维平均长度的 2.82 倍。

b. 在 λ_{max} 位置上,从波谱图纸高度一半处(2.5 格),向左右两侧沿实际波谱图全长范围内画一平滑的内公切线，即为正常波谱图（图4－2－2中虚线所示）。若实际波谱图高度已低于2.5格，则沿最高峰下方画出内公切线即可。

c. 从实际波谱图曲线与正常波谱图曲线之间的阴影部分可以明显地看出是否存在疵点。一般当阴影部分的机械波振幅高度大于该频道内正常波谱图振幅一半以上（$H > \frac{1}{2}B$），即应视为存在质量疵点。如机械波的烟囱是跨两个频道的，则应将两个频道上烟囱的高度相加来考虑其不匀的严重程度，并以两个频道之间的波长作为疵点的波长。牵伸波则以小山最高峰的位置，估计牵伸波的平均波长。

（3）机械波的分析。在进行机械波的分析之前，应先具备纺纱设备的传动图、各列罗拉的直径、速度、牵伸倍数等工艺参数。分析方法有计算法和测速法，现常用计算法。

①如机械波是由于纺纱机上的回转件如罗拉、胶辊、胶圈、刺辊、锡林等损伤所造成，则计算式为：

$$\lambda_1 = \pi \cdot D_1 \cdot E_1$$

式中：λ_1——机械波的波长；

D_1——产生机械波的回转件直径；

E_1——产生机械波的回转件到产品输出件之间的牵伸倍数。

②如果是纺纱机上牵伸传动系统中齿轮缺损而造成的机械波，则计算式为：

$$\lambda_2 = \pi \cdot D_2 \cdot i \cdot E_2$$

式中：λ_2——机械波波长；

D_2——传动系统中与缺损齿轮相距最近的罗拉直径；

i——缺损齿轮到最近的罗拉之间的速比；

E_2——最近的罗拉到产品输出件之间的牵伸倍数。

（4）牵伸波的分析。牵伸波主要是由于工艺上或牵伸部件的缺陷、牵伸区中纤维控制不良所引起的，其分析方法是从波谱图中找出小山形牵伸波的最高峰的位置，即作为该牵伸波的平均波长。

对短纤维纱的大量测试表明，波谱图中的牵伸波波长与纤维的平均长度之间的关系可用下式表示：

$$\lambda_0 = k \cdot \bar{l}$$

式中：λ_0——牵伸波的波长；

k——系数；

$\bar{l}$——纤维平均长度。

系数 k 值随工序而不同，一般取 k 值为：成纱取2.75，粗纱取3.5，精梳条取4.0，并条取4.0。

如果牵伸波发生在纺纱设备的后牵伸区中，再经前牵伸区的牵伸；若牵伸波产生在前工序中，再经以后工序的牵伸作用。其波长将被扩大，则条干试验的波谱图上显示的牵伸波波长将以下式表示：

$$\lambda = \lambda_0 \cdot E = k \cdot \bar{l} \cdot E$$

式中：E——牵伸波产生后，再经过的牵伸倍数。

(5)细纱机波谱图实例。

①细纱机前罗拉或前胶辊偏心形成的波谱图。图 4-2-3 为细纱机前罗拉偏心形成的波谱图,罗拉直径为 22.2mm。前胶辊偏心的波幅则在 8cm 左右。

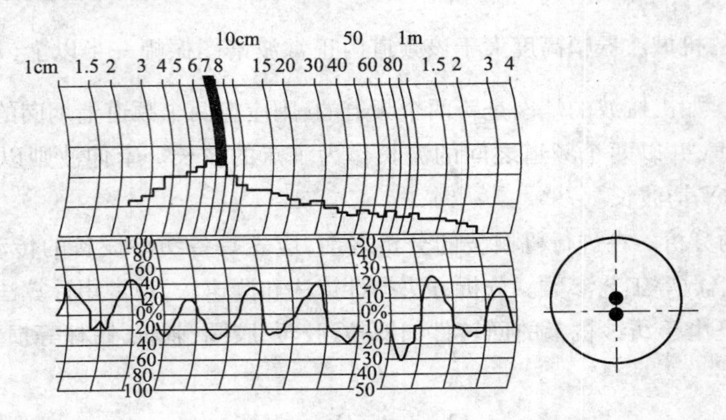

图 4-2-3　细纱机前罗拉或前胶辊偏心造成的不匀曲线图和波谱图

②细纱机前胶辊呈椭圆状形成的波谱图。图 4-2-4 为细纱机前胶辊呈椭圆状的波谱图,它的波长为胶辊周长的一半。

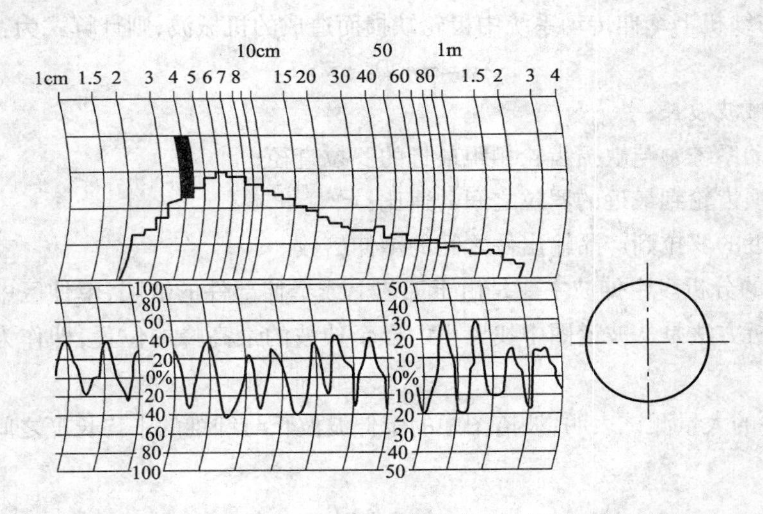

图 4-2-4　细纱机前胶辊呈椭圆状形成的不匀曲线图和波谱图

③细纱机前胶辊缺损形成的波谱图。图 4-2-5 为前胶辊缺损,其基波为胶辊的周长,并伴随有 2~3 个谐波,曲线呈锯齿状。

④细纱机前牵伸区牵伸波的波谱图。图 4-2-6 为主牵伸区的牵伸波,形成原因是罗拉加压太轻、前隔距太大、牵伸倍数过大等。

⑤细纱机后牵伸区牵伸波的波谱图。图 4-2-7 为后牵伸区的牵伸波,形成原因是后牵伸太大、后隔距太大等。

(6)查表分析波谱图。对于一个企业,主要的生产设备基本上是稳定的,因此可以根据设备的传动图与工艺设计，将各工序、各部位可能产生周期性不匀的波长范围，逐一计算出来，列成表格，当产品测试时，波谱图上发现有机械波或牵伸波，就可以直接查对表格中的相应波长，从而能迅速初步确定可能产生的原因与位置（可能有几处，要逐一核查）减少每次临时推算的工作，提高工作效率。对于企业中能长期生产的稳定产品，用这种方法更为方便有效。表4－2－2是棉纺生产设备中，以细纱机和粗纱机为例的疵点波长范围（取纤维平均长度为25mm，图4－2－8为设备工艺条件）。

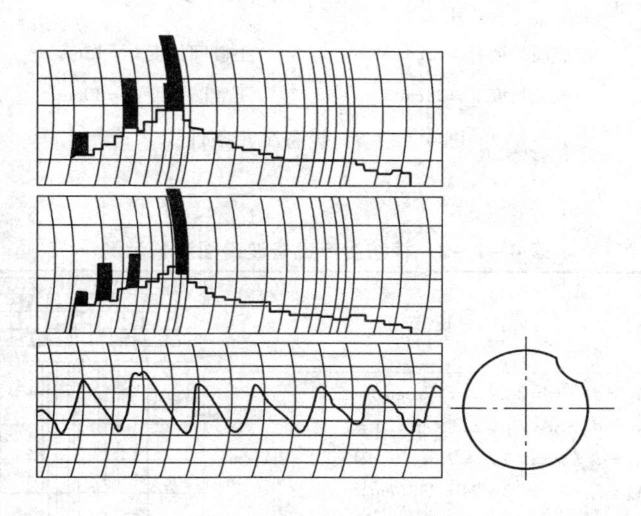

图4－2－5　细纱机前胶辊缺损形成的不匀曲线图和波谱图

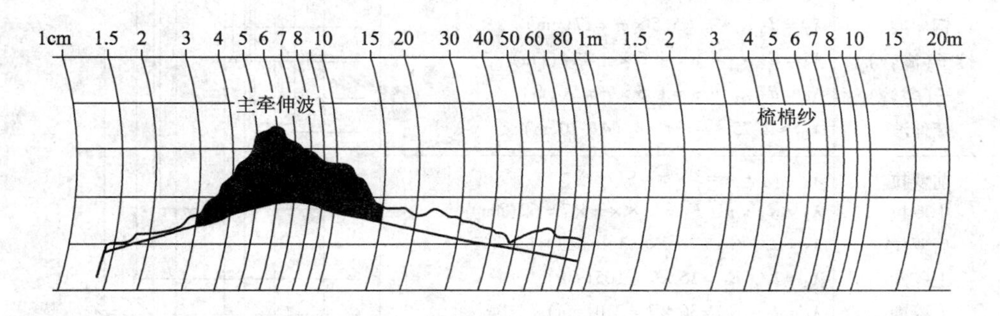

图4－2－6　细纱机前牵伸区牵伸不良产生的细纱波谱图

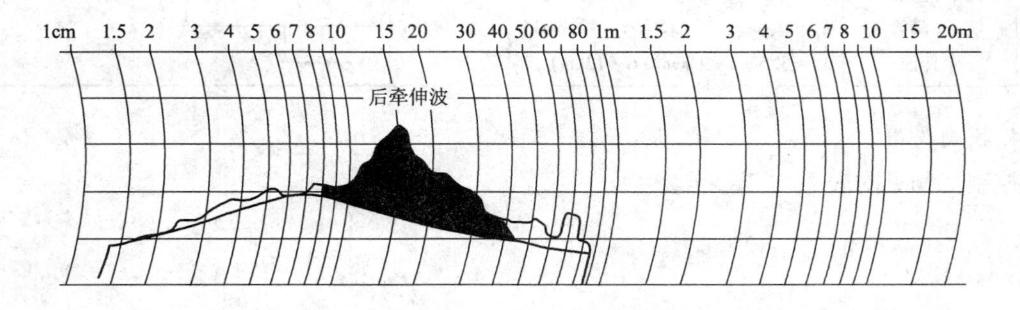

图4－2－7　细纱机后牵伸区牵伸不良产生的细纱波谱图

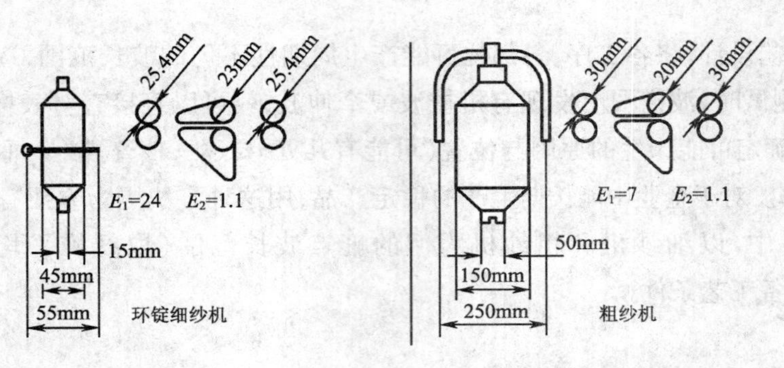

上胶圈长度 $l_1 = 12\text{cm}$　　上胶圈长度 $l_1 = 15\text{cm}$

下胶圈长度 $l_2 = 28\text{cm}$　　下胶圈长度 $l_2 = 30\text{cm}$

图 4-2-8　设备工艺条件

表 4-2-2　棉纺生产设备波谱图波长示例

机械	来　源	波长范围
环锭细纱机	前罗拉	$\lambda_1 = d_1 \cdot \pi = 2.54 \times \pi = 8(\text{cm})$
	中罗拉	$\lambda_2 = d_2 \cdot \pi \cdot E_1 = 2.3 \times \pi \times 24 = 173(\text{cm})$
	后罗拉	$\lambda_3 = d_3 \cdot \pi \cdot E_1 \cdot E_2 = 2.54 \times \pi \times 24 \times 1.1 = 211(\text{cm})$
	上胶圈	$\lambda_4 = l_1 \cdot E_1 = 12 \times 24 = 288(\text{cm})$
	下胶圈	$\lambda_5 = l_2 \cdot E_1 = 28 \times 24 = 672(\text{cm})$
	牵伸箱传动装置	λ_6→短于 λ_3
	钢丝圈	$\lambda_7 = d_{钢领} \cdot \pi = 5.5 \times \pi = 17(\text{cm})$
	锭子(满管)	$\lambda_8 = d_{筒管满} \cdot \pi = 4.5 \times \pi = 14(\text{cm})$
	锭子(空管)	$\lambda_9 = d_{筒管空} \cdot \pi = 1.5 \times \pi = 5(\text{cm})$
	牵伸波	$\lambda_{10} \approx 2.75 \cdot \bar{l} \approx 7(\text{cm})(4 \cdots 10\text{cm})$
粗纱机	前罗拉	$\lambda_1 = d_1 \cdot \pi = 3 \times \pi = 9(\text{cm})$
	中罗拉	$\lambda_2 = d_2 \cdot \pi \cdot E_1 = 2.8 \times \pi \times 7 = 62(\text{cm})$
	后罗拉	$\lambda_3 = d_3 \cdot \pi \cdot E_1 \cdot E_2 = 3 \times \pi \times 7 \times 1.1 = 72.5(\text{cm})$
	上胶圈	$\lambda_4 = l_1 \cdot E_1 = 15 \times 7 = 105(\text{cm})$
	下胶圈	$\lambda_5 = l_2 \cdot E_2 = 30 \times 7 = 210(\text{cm})$
	牵伸箱传动装置	λ_6→短于 λ_3
	锭子(空管)	$\lambda_7 = d_{筒管空} \cdot \pi = 5 \times \pi = 16(\text{cm})$
	锭子(满管)	$\lambda_8 = d_{筒管满} \cdot \pi = 15 \times \pi = 47(\text{cm})$
	牵伸波	$\lambda_9 \approx 3.5 \cdot \bar{l} \approx 9(\text{cm})(6 \cdots 12\text{cm})$

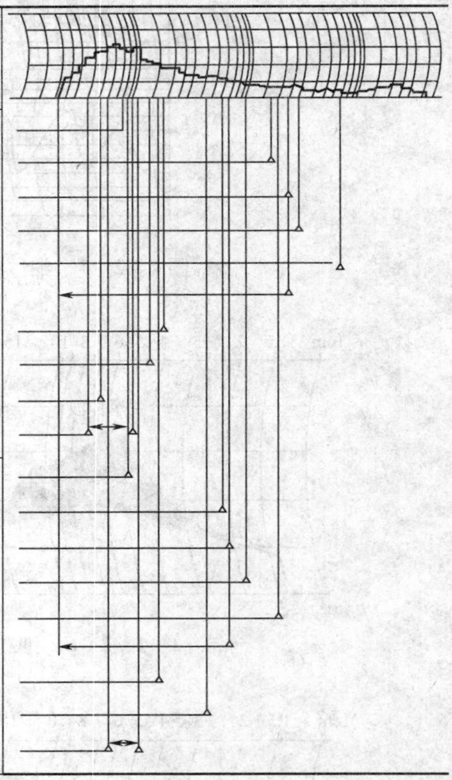

4. 控制范围

控制范围见附表2。

二、控制成纱条干不匀率的措施(表4-2-3)

表4-2-3 控制成纱条干不匀率的措施

对成纱条干不匀率产生影响的因素		控制成纱条干不匀率的措施
普遍出现或一种品种出现条干不匀	相对湿度偏小或偏大或波动大 粗纱回潮率偏低	注意控制车间温湿度
	配棉不良或成分波动大,纤维的长度、线密度差异过大,原棉中短绒含量高,混用的回花率不适当,混合不良	稳定配棉成分,按规定进行接批
	粗纱大面积条干不匀	控制粗纱的产品质量
	粗纱捻系数选择不适当 细纱总牵伸过大,后区牵伸大,胶圈钳口或罗拉隔距不适当,罗拉加压不足 胶辊选用不当,集棉器选用不当	正确设计细纱工艺及工艺上机检查
一个区域或邻近机台出现条干不匀	该区域温湿度控制不良,相对湿度偏高或偏低	注意控制车间温湿度
	前纺固定供应机台的条干不匀率波动	控制前纺产品的质量
	部分机台工艺参数(罗拉隔距、隔距块、后区牵伸、集棉器、加压等)配置不当	正确设计细纱工艺及工艺上机检查
	区域内的胶辊、胶圈质量不好	更换胶辊、胶圈
个别机台出现条干不匀	罗拉偏心、弯曲或罗拉扭振 牵伸传动齿轮磨灭过多、啮合不良,键槽磨灭或缺损空隙大 牵伸传动轴与轴承磨灭过大	加强细纱机的保养、保全,特别是牵伸、加压部件的检修,并注重日常设备的检查工作
	细纱机前罗拉嵌有硬性杂质	加强揩车,保证机件表面的清洁
	细纱机加压过重造成开关车时的罗拉扭振 翻改品种后,工艺参数漏改或用错	正确设计细纱工艺及工艺上机检查
	停车过久,车上粗纱发热	正确处理长时间停车后的细纱机开车
机台上局部或个别锭子出现条干不匀	喂入部分工作不正常,导纱杆毛糙或生锈,粗纱交叉导入,粗纱吊锭阻滞或损坏,导纱喇叭破损或飞花阻塞 导纱动程跑偏,个别喇叭头歪斜 后罗拉沟槽嵌花或硬性杂质,边缘毛糙偏心 后罗拉绕花衣或粗纱头 后加压失效,胶辊未放妥,后胶辊有大小头 胶辊运转不良,胶辊偏心,表面有压痕,胶辊失去弹性,胶辊轴芯弯曲,胶辊轴承滚珠磨灭,同档胶辊有大小,胶辊轴芯与铁壳间隙过大,胶辊呈椭圆状,胶辊加压后变形,胶辊中凹 胶圈运转失常,胶圈弹性不匀,胶圈内粘花 胶圈表面粘油,胶圈老化不光洁	加强细纱机的保养、保全,特别是牵伸、加压、集合、喂入部件的检修,并注重日常设备的检查工作

续表

对成纱条干不匀率产生影响的因素		控制成纱条干不匀率的措施
机台上局部或个别锭子出现条干不匀	集棉器不良,集棉器翻身,集棉器裂损,集棉器内嵌有籽壳等硬性杂质、粘花、嵌号码纸 绕胶辊或绕前罗拉 前罗拉沟槽嵌花衣或杂质 摇架自调中心作用呆滞、胶辊歪斜 前加压部分失效 飞花、油花、绒辊花或纱条通道粘聚的短纤维带进纱	
	细纱机钳口高低不当或配置不当 纱尾脱离后胶辊控制	正确设计细纱工艺及工艺上机检查
	粗纱多根喂入或烂粗纱喂入 粗纱包卷或细纱接头不良	加强值车工的培训及管理

任务实施

成纱条干不匀率测试数据及分析控制。

采用 YG137 型电容式条干均匀度测试分析仪按照项目二的测试方法测量成纱的条干不匀率,得出数据(表 4-2-4)。

表 4-2-4 成纱条干不匀率测试数据

机台号	11				12				13				平均
序号	1	2	3	4	5	6	7	8	9	10	11	12	
条干不匀率 *CV*(%)	12.61	12.38	12.41	12.63	12.66	13.02	12.85	12.65	12.39	12.61	12.61	12.67	12.62
-40%	110	115	85	45	150	85	125	90	75	60	90	55	90.42
-50%	0	0	0	0	5	5	5	5	0	0	0	0	1.67
+35%	195	135	210	155	220	165	170	125	150	130	155	140	162.5
+50%	15	15	20	20	5	15	20	10	5	15	10	5	12.92
+140%	40	65	55	70	65	70	55	70	40	30	45	30	52.92
+200%	10	15	10	15	25	30	20	25	10	5	15	10	15.83
+280%	5	0	0	5	15	10	15	10	0	0	5	0	5.42
+400%	0	0	0	0	5	5	5	5	0	0	0	0	1.67

3 台生产本品种的细纱机台中的平均条干不匀率及各机台的条干不匀率均达到了控制范围,完全达到要求,并接近 USTER5% 水平。细节、粗节及棉结的数值也符合要求。但在检测时发现 12 号机台上纱管存在机械波,如图 4-2-9 所示。

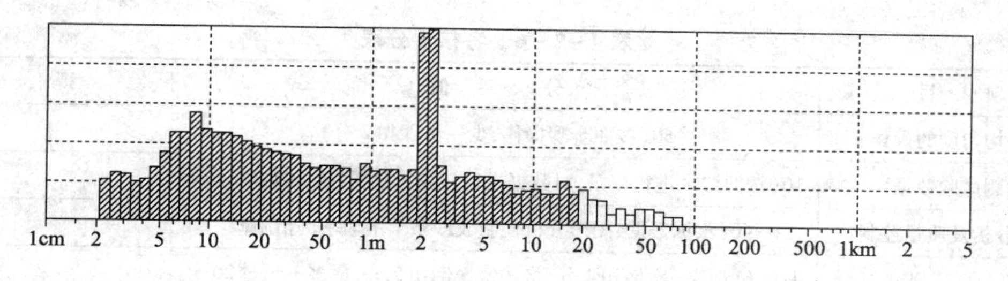

图 4-2-9　细纱波普图

观察波谱图,发现有约 2.1m 的机械波。由于使用 FA506-SM 型细纱机,其牵伸部分传动如图 4-2-10 所示。牵伸工艺见表 4-2-5。

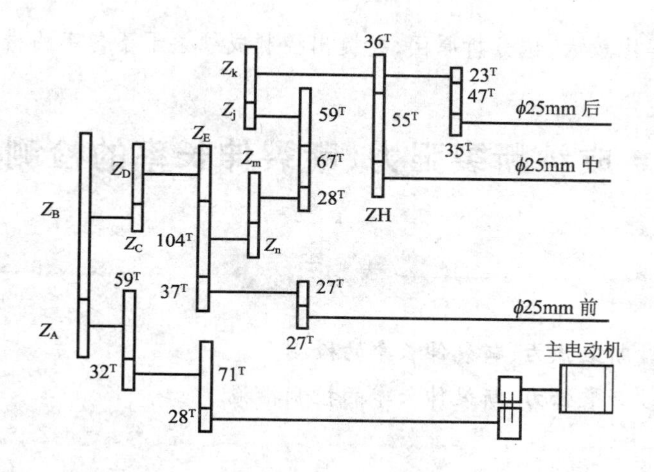

图 4-2-10　FA506-SM 型细纱机牵伸部分传动示意图

表 4-2-5　牵伸变换齿轮参数

Z_j	Z_k	Z_H	Z_m/Z_n	Z_B/Z_A	Z_D	Z_C
48	88	42	69/28	25/45	87	85

经计算,变换齿轮 Z_k(或 23^T)部位所产生机械波的波长(后罗拉至前罗拉间的机械牵伸倍数 $E=40.72$):

$$\lambda=(23/35)\times\pi\times D\times E=(23/35)\times 3.14\times 25\times 40.72=2100.52(\text{mm})$$

初步计算分析,确定故障位置在变换齿轮 Z_k(或 23^T)处。

根据初步确定的结果,上车检查发现变换齿轮 Z_k 与 23^T 之间的齿轮轴轴承滚珠磨损,造成齿轮运行不稳定,而在纱上产生 2100mm 的周期性质量变异,反映在波谱图上为 2.1m 的周期性机械波。换为新的轴承后,未再发现 2.1m 机械波。

考核评价

本任务的考核按照表 4-2-6 进行评分。

表 4-2-6　考核评分表

项　目	分　值				得　分	
条干均匀度的操作	50(按照步骤操作,少一步骤扣 2 分)					
检测试验数据	10(按照要求进行记录,对数据进行计算及分析,少一项扣 2 分)					
数据分析及质量控制	40(根据数据、图形分析控制成纱条干不匀率的措施)					
书写、打印规范	书写有错误一次倒扣 4 分,格式错误倒扣 5 分,最多不超过 20 分					
姓名		班级		学号	总得分	

思考与练习

成纱条干不匀率比较大,试分析原因,并提出控制成纱条干不匀率的措施。

任务 3　成纱断裂强力、断裂伸长率的检测与控制

学习目标

1. 掌握成纱断裂强力、断裂伸长率的检测。
2. 熟悉成纱断裂强力、断裂伸长率的控制措施。

任务引入

试按照生产规程,检查任务 1 中成纱的断裂强力及断裂伸长率。

任务分析

成纱断裂强力、断裂伸长率是衡量纱线强伸性能的一项重要指标,常用 YG061F 型单纱强力仪进行测量。

一般在当遇到不合格情况时,需要操作人员及时调整相关工艺或改变配棉成分以改善成纱质量。

相关知识

一、成纱断裂强力、断裂伸长率检测项目及控制范围

1. 断裂强力

表示成纱所能承受的最大拉伸力是多少,它是成纱定等的依据之一。通常采用单纱断裂强力试验仪对 250mm 或 500mm 的纱段进行测试。

$$\overline{F} = \frac{\sum_{i=1}^{n} F_i}{n}$$

式中：$\overline{F}$——断裂强力平均值（三位有效数字），cN；

F_i——各次断裂强力值，cN；

n——拉伸次数。

如不在标准的温湿度条件下测试，测得结果应参照 FZ/Tl0013.1 进行修正。

2. 断裂强度

$$R_H = \frac{\overline{F}}{Tt} \times \text{温度与回潮率的修正系数}$$

式中：R_H——断裂强度，cN/tex；

$\overline{F}$——平均断裂强力值，cN；

Tt——试验纱的特数，tex。

控制范围见附表 2。

3. 断裂伸长率

拉断单纱时，相应的伸长率与断裂强力同时测出。

$$\overline{\varepsilon} = \frac{\sum_{i=1}^{n} \varepsilon_i}{n}$$

式中：$\overline{\varepsilon}$——断裂伸长率平均值（2 位小数）；

ε_i——各次断裂伸长率。

4. 断裂强力和断裂伸长率的变异系数

$$\text{变异系数}(CV\text{值}) = \frac{\sqrt{\frac{\sum_{i=1}^{n}(x_i - \overline{x})^2}{n}}}{\overline{x}} \times 100\%$$

式中：x_i——各次测得数据值；

$\overline{x}$——测试数据的平均值；

n——测试根数，至少为 50 根。

二、YG061F 型单纱强力仪

成纱断裂强力、断裂伸长率常用 YG061F 型单纱强力仪检测，仪器如图 4-3-1 所示，其工作原理如图 4-3-2 所示。在使用 YG061F 型单纱强力仪检测时，一般每个品种每批试验 1 次，捻度变换齿轮调整后应随时试验。

被测试样的一端夹持在 YG601F 型电子单纱强力仪的上夹持器上，另一端加上标准规定的预张力后用下夹持器夹紧，同时采用 100% 隔距长度（相对于试样原长度）的速率定速拉伸试样，直至试样断裂。此时测力传感器把上夹持器上受到的力转换成响应的电压信号，经放大电

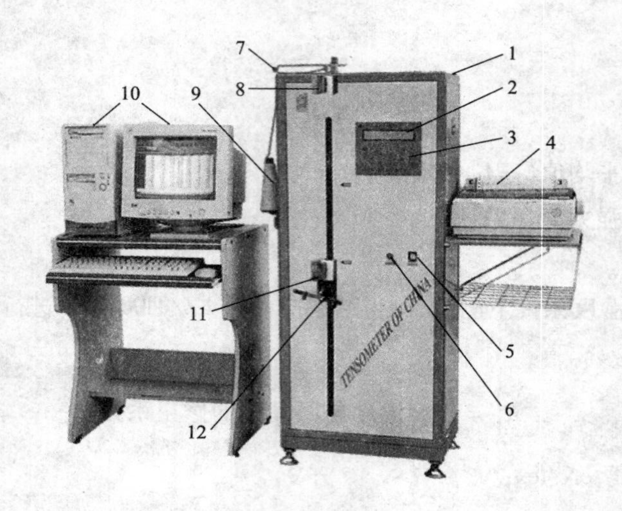

图4-3-1　YG061F型电子单纱强力

1—主机　2—显示屏　3—键盘　4—打印机　5—电源开关　6—拉伸开关　7—导纱器
8—上夹持器　9—纱管支架　10—电脑组件　11—下夹持器　12—预张力器

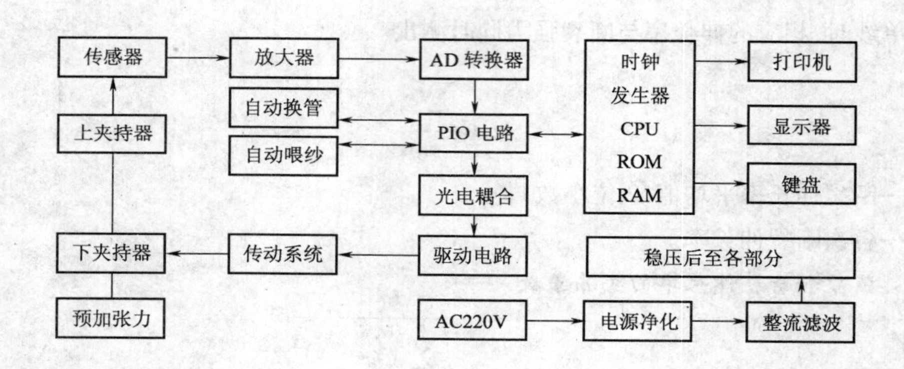

图4-3-2　电子单纱强力仪工作原理流程图

路放大后，进行A/D转换，最后把转换成的数字信号送入计算机进行处理。仪器可记录每次测试的断裂强力、断裂伸长等技术指标，测试结束后，数据处理系统会给出所有技术指标的统计值。仪器联接计算机后，还能增加多项测试功能，并且实时显示拉伸曲线记录试验全过程，长期存储数据，更有利于网络化管理。

三、控制成纱断裂强力与断裂伸长率的措施

(一)纤维材料特性对纱线断裂强力与断裂伸长率的影响

1. 纤维的断裂强力和伸长与纱线的断裂强力和断裂伸长率的关系

纺纱所用纤维材料的物理力学性能与成纱的强力及伸长率直接有关。所用纤维材料的强力和伸长率高，则纺成的纱线强力和伸长率也高。反之亦然。一般情况下，所用纤维的断裂强度高，成纱的断裂强度变异系数小。此外，在纱线断裂时并非所有的纤维都断裂，而是其中部分

纤维断裂,部分纤维滑脱,因此纱线的断裂强力并非是所有纤维断裂强力之和,而总是低于纤维强力之和。根据试验数据,成纱断裂强度一般仅约相当于所用原料断裂强度的二分之一。

2. 纤维平均长度及短纤维含量与纱线断裂强力和断裂伸长率的关系

在相同工艺条件下,纺纱所用的纤维长度与长度整齐度影响纱线的断裂强力及伸长率。纤维长度愈长,在纱条中纤维相互搭接的长度愈长,受外力作用时纤维相互滑移的摩擦阻力大,因此,纱的强力高,伸长率也大。若纤维的平均长度相同,短纤维的含量较高者其成纱强力必相对较低。可以设想,如用相同的棉纤维,分别用普梳和精梳两种工艺纺相同线密度的纱,则精梳纱强力必然比普梳纱高。因为通过精梳工艺梳去了部分短纤维。但根据实际经验,精梳的落棉量也不是愈多,成纱强力一定愈高。因此,就成纱强力而言,精纱落棉量应有一个优选范围。

3. 纤维的细度与棉纤维成熟度与纱线断裂强力和断裂伸长率的关系

纤维愈细,则相同线密度的纱条内所含有纤维根数就愈多,这对成纱的条干均匀度和强力均有利。对于棉纤维来说,纤维的成熟度与细度有密切关系。相同品种的棉纤维,如成熟度差,则细度细,强力就低,因此棉纤维对成纱强力的影响,必须同时考虑细度与成熟度。通常采用马克隆值评价棉纤维的细度,用成熟度比表示棉纤维的成熟度。

4. 混纺纱中化学纤维成分与纱线断裂强力和断裂伸长率的关系

一般讲化学纤维的断裂强度及伸长率比相同细度的天然纤维要高。因此,天然纤维与化学纤维混纺纱的强力与伸长率均有提高。这与化学纤维的成分含量有关。通常化学纤维含量较低时,其增强的作用不易显现。一般含量要达到40%以上时,化学纤维的特性才能明显地影响成纱的特性,使强力与伸长率较明显提高。但它们之间并不呈简单的线性关系。

5. 纤维各种特性对成纱断裂强力及断裂伸长率影响的程度

纤维的各种主要特性对成纱的强力及伸长率的影响程度是不同的,而且纺纱的工艺条件不同,其影响程度的大小也不尽相同。例如纤维的长度对环锭纱强力的影响比较显著,因为环锭纱内纤维的排列比较平直,纤维长则相互间搭接就比较长,相互间滑移的摩擦阻力大,体现出纱的强力好。

总体讲,纤维的马克隆值、纤维断裂强力、纤维长度和长度整齐度等,对纱线强力的影响是主要因素。纤维的断裂伸长率对成纱的伸长率关系比较显著。

以上分析了纤维材料的特性对成纱强力和伸长率的关系,在实际生产中因原料的价值占生产成本很大的比重,因此必须兼顾产品质量与成本这两方面的因素,合理选用原料。

(二)纱线条干均匀度对断裂强力与断裂伸长率的影响

一般讲纱线的条干均匀度好,即质量变异系数低,则纱线的断裂强度也高。当纱线的条干均匀度在正常水平时,其断裂强度受所用原料的断裂强度影响比较明显,即纤维的断裂强度较高,则纺成的纱断裂强度也较高。但当条干均匀度恶化时,则纱线的断裂强力受条干水平的影响比较明显,即使所用纤维的断裂强力较高,而成纱的断裂强力仍会变差。

条干均匀度对纱线断裂伸长率的影响不显著,而对断裂伸长率变异系数有一定的影响。

纱线条干上的粗节与细节影响捻度分布的不匀,捻度会向细节处集中,因而产生粗节处为少捻的强力弱环,这是短纤维纱的一般情况。但进一步分析的结果,对于棉型的短纤维纱(纤维较短)这种现象比较明显。而对毛型的短纤维纱(纤维较长),其粗节和细节长度也较长,直径变化较平缓,因而捻度向细节处集中的现象就不明显,加之纤维愈长,纱条内纤维之间搭接的长度也长,因此,粗细节之间的捻度差异比较小,但细节处截面内纤维根数较少,所以弱环多产生在细节处。这是所用纤维原料不同,纱线断裂点位置也不一样的原因。

关于条干不匀的片段长度,对环锭纺纱而言,常将相当于前罗拉至钢丝圈的距离(随成形大小、空管到满管而变)200~800mm 称短片段不匀,把 2m 或以上称长片段不匀。根据实测结果说明:短片段条干不匀对成纱断裂强度和断裂强力变异系数的影响比较明显,而对断裂伸长率和断裂伸长的变异系数的影响不明显。而长片段的条干不匀对断裂强力和断裂伸长率的影响不明显,对其变异系数影响相对比较明显。

(三)纱线捻度和捻度变异系数对断裂强力和断裂伸长率的影响

在一定范围内,纱线的捻度增加,则断裂强力与断裂伸长率均增大。继续增加捻度,则断裂强力到达一定值后即逐渐下降,而断裂伸长率可继续增大,此临界值的捻度称临界捻度。不同线密度的纱线有不同的临界捻度值,其相应的捻系数称临界捻系数。在临界捻度以下,纱线要保持一定的条干均匀度水平,增加捻度才有利于提高纱线的断裂强度。

捻度变异系数对断裂强力变异系数有明显的影响,即使纱线的条干均匀度比较好,若捻度变异系数大,纱的断裂强力变异系数也较大。捻度变异系数对断裂伸长率及伸长率变异系数没有明显影响。

合股线断裂强度与捻度变化的关系和单纱断裂强度与捻度变化的关系相似,在低于临界捻度的情况下,捻度增加,断裂强度随之增加,超过临界捻度则下降。

(四)纱疵对纱线断裂强力与断裂伸长率的影响

在纺纱过程中,由于工艺、设备、操作、管理等原因产生周期性或非周期性的纱疵,都会对纱的强力与伸长率造成影响,并可能形成后加工中的断头。如纺纱张力过大,会损失纱的伸长特性;纱的成形或接头不良会产生纱条上的强力弱环。其他各种机械、工艺方面的因素会产生或长或短的粗细节,甚至严重的条干恶化,这些纱疵都会损失纱线的强力和伸长率。除了针对性地采取技术措施,及时进行修复或改进外,正确用好电子清纱器可以在络筒过程中清除影响质量的纱疵,从而有效地提高纱线的强力与伸长率。

任务实施

一、YG061F 型单纱强力仪操作方法

(一)取样

单纱每组试样取 30 个管纱,每管测试 2 次,总数为 60 次(开台数在 5 台以下者,可每组试样取 15 个管纱,每管测试 4 次);股线每组试样取 15 个管纱,每管测试 2 次,总数为 30 次。采用自动强力试验仪器的取样量:纱、线每组试样均取 20 个,每管测试 5 次,总数为 100 次;仲裁试验至少试验 200 次试样;对外贸易时,单纱试验量至少 200 次,股线为 100 次(国际标准 ISO 2062 规定亦如此)。

（二）试验时的大气条件

试验应在 GB 6529 标准要求的标准大气下进行，生产厂为了快速鉴定产品质量，可采用快速试验。快速试验在接近车间温湿度条件下进行。在非标准大气下的试验结果可按 FZ/T 10013.1《温度与回潮率对棉及化纤纯纺、混纺制品断裂强力的修正方法》（附表 3）进行修正。

（三）程序与操作

（1）预热仪器：测试前 10min 开启电源预热仪器，同时显示屏会显示测试参数。

（2）确定预张力：调湿试样为（0.5 ±0.10）cN/tex，湿态试样为（0.25 ±0.05）cN/tex。变形纱施加预张力要求既能消除纱线卷曲又不使之伸长，如果没有其他协议，建议变形纱采用下列预张力（表 4－3－1）（线密度超过 50tex 的地毯纱除外）。

表 4－3－1　变形纱预张力计算（根据名义线密度）

聚酯和聚酰胺纱	醋酸、三醋酸和粘胶纱	双收缩和喷气膨体纱
（2.0 ±0.2）cN/tex	（1.0 ±0.1）cN/tex	（0.5 ±0.05）cN/tex

（3）设置参数。

①隔距：根据测试需要设置，一般采用 500mm，伸长率大的试样采用 250mm。

②拉伸速度：根据测试需要设置，一般情况下 500mm 隔距时采用 500mm/min 速度，250mm 隔距时采用 250mm/min 速度，允许更快的速度。

③输入其他参数：例如次数、纱线线密度等。

④选择测试需要的方法：例如定速拉伸测试、定时拉伸测试、弹性回复率测试等。

（4）按“试验”键，进入测试状态。

（5）纱管放在纱管支架上，牵引纱线经导纱器进入上、下夹持器钳口后夹紧上夹持器。

（6）在预张力器上施加预张力（预张力器在测试前调准、备用）。

（7）夹紧下夹持器，按“拉伸”开关，下夹持器下行，纱线断裂后夹持器自动返回。在试验过程中，检查钳口之间的试样滑移不能超过 2mm，如果多次出现滑移现象须更换夹持器或者钳口衬垫。舍弃出现滑移时的试验数据，并且舍弃纱线断裂点在距钳口或夹持器 5mm 以内的试验数据。

（8）重复步骤（4）~（7），换纱、换管，继续拉伸，直至拉伸到设定次数，测试结束。

（9）打印出统计数据。测试完毕，关断电源。

注：当仪器需要校准时，可执行下列校准程序：预热 30min 后，仪器在复位状态下按“清零”键，上夹持器放上 1000cN 砝码，数据显示稳定后，按“满度”键，然后按“校验”键，最后按“复位”键退出。

二、成纱断裂强力、断裂伸长率的实验数据及分析控制

采用 YG061F 型单纱强力仪对成纱断裂强力、断裂伸长率进行检测，得出数据（表 4－3－2）。

表4-3-2 成纱断裂强力、断裂伸长率的测试数据

纱线号数:9.7tex　　预张力系数:0.5cN/tex　　拉伸速度:500mm/min

测试次数:30管×2次　　环境温湿度:28℃/63%RH

管/次	强力 F(cN)	伸长率 E(%)	管/次	强力 F(cN)	伸长率 E(%)
1/1	212.7	5.11	1/2	207.9	5.12
2/1	207.9	5.10	2/2	207.1	5.20
3/1	190.3	5.00	3/2	225.5	5.51
4/1	219.1	5.67	4/2	207.1	5.13
5/1	201.5	5.66	5/2	178.3	4.76
6/1	206.5	5.42	6/2	235.1	5.53
7/1	220.7	5.09	7/2	216.7	4.81
8/1	240.7	5.77	8/2	204.7	4.94
9/1	206.3	5.70	9/2	179.9	5.03
10/1	202.3	4.95	10/2	225.5	5.99
11/1	196.7	5.71	11/2	237.5	5.89
12/1	211.9	4.85	12/2	234.3	5.49
13/1	209.5	5.15	13/2	194.3	5.53
14/1	200.7	5.62	14/2	208.7	5.45
15/1	230.3	5.62	15/2	227.1	5.60
16/1	184.7	5.64	16/2	186.3	5.36
17/1	187.9	5.74	17/2	203.9	5.56
18/1	193.5	4.94	18/2	206.3	5.29
19/1	211.1	5.44	19/2	199.1	5.20
20/1	181.5	4.76	20/2	202.3	5.23
21/1	211.1	5.17	21/2	216.7	5.17
22/1	215.1	5.41	22/2	230.3	5.69
23/1	236.7	5.81	23/2	204.7	5.30
24/1	215.1	5.88	24/2	208.7	5.76
25/1	191.9	5.17	25/2	233.5	6.18
26/1	195.9	5.15	26/2	217.5	5.70
27/1	196.7	5.81	27/2	224.7	5.65
28/1	199.1	4.57	28/2	189.5	4.61
29/1	199.9	4.91	29/2	172.7	4.50
30/1	215.9	4.77	30/2	188.7	4.28
平均值	207.8	5.29	变异系数 CV(%)	7.70	7.40
强度(cN/tex)	21.42	修正系数	1.076	修正强力(cN)	223.6
实际号数(tex)	9.8	修正强度(cN/tex)	22.82	回潮率(%)	7.3

1. 断裂强力

$$\overline{F} = \frac{\sum_{i=1}^{n} F_i}{n} = 207.8(\text{cN})$$

式中：$\overline{F}$——断裂强力平均值（三位有效数字），cN；

F_i——各次断裂强力值，cN；

n——拉伸次数。

环境温湿度：28℃/63% RH，回潮率为7.3%。查FZ/T 10013.1表知修正系数为1.076。

$$\overline{F}_{修正} = \overline{F} \times 1.076 = 207.8 \times 1.076 = 223.6(\text{cN})$$

2. 断裂强度

$$R_H = \frac{\overline{F}}{Tt} \times 温度与回潮率的修正系数$$

$$= \frac{207.8}{9.8} \times 1.076 = 22.82(\text{cN/tex})$$

式中：R_H——断裂强度，cN/tex；

$\overline{F}$——断裂强力平均值，cN；

Tt——试验纱的线密度，tex。

3. 断裂伸长率

$$\bar{\varepsilon} = \frac{\sum_{i=1}^{n} \varepsilon_i}{n} = 5.29(\%)$$

式中：$\bar{\varepsilon}$——断裂伸长率平均值（2位小数）；

ε_i——各次断裂伸长率。

4. 断裂强力和断裂伸长率的变异系数

$$断裂强力变异系数(CV值) = \frac{\sqrt{\frac{\sum_{i=1}^{n}(x_i - \bar{x})^2}{n}}}{\bar{x}} \times 100\% = 7.70\%$$

$$断裂伸长率变异系数(CV值) = \frac{\sqrt{\frac{\sum_{i=1}^{n}(x_i - \bar{x})^2}{n}}}{\bar{x}} \times 100\% = 7.40\%$$

式中：x_i——各次测得数据值；

$\bar{x}$——测试数据的平均值；

n——测试根数，至少为50根。

5. 数据分析

成纱断裂强度为22.82cN/tex，符合单纱断裂强度大于等于15.6cN/tex的要求；成纱断裂强力变异系数为7.70%，符合单强 *CV* 值小于等于9.5%的要求。

考核评价

本任务的考核按照表4-3-3进行评分。

表4-3-3　考核评分表

项　目	分　值					得　分	
单纱强力仪的操作	60(按照步骤操作，少一步骤扣2分)						
数据分析及质量控制	40(根据数据分析控制单纱断裂强力与断裂伸长率的措施)						
书写、打印规范	书写有错误一次倒扣4分，格式错误倒扣5分，最多不超过20分						
姓名		班级		学号		总得分	

思考与练习

成纱强力不足，试分析原因，并提出控制成纱强力的措施。

任务4　成纱捻度的检测与控制

学习目标

1. 掌握成纱捻度的检测。
2. 熟悉成纱捻度的控制措施。

任务引入

试按照生产规程，检查任务1中成纱的捻度。

任务分析

纱线捻度的多少直接影响到纱线和织物的性质，如纱线的强力、直径、重量、毛羽、缩率、弹性、透气性、吸色性与耐磨性，织物的覆盖性、保暖性与折痕恢复性等，纱线捻度变异的大小可反映设备状态的优劣，并对织物的平整、均匀、条影、横档也有很大的影响。

成纱捻度常用Y331LN型纱线捻度仪进行测量。

一般在当遇到不合格情况时，需要操作人员及时调整相关参数以改善成纱质量。

相关知识

一、成纱捻度检测项目及控制范围

1. 单纱捻度

表示成纱实际捻度是多少，同时检查捻度变换齿轮的齿数是否正确。单纱捻度通常以1m长片段上的捻回数表示，测试后计算。

用Y331LN型纱线捻度仪测试后用下列公式计算：

$$T_s = \frac{1000x}{l}$$

式中：T_s——试样捻度，捻/m；

l——试样初始长度，mm；

x——试样捻回数。

试样平均捻度：

$$T = \frac{\sum T_s}{n}$$

式中：T——试样平均捻度；

$\sum T_s$——全部试样捻度的总和；

n——试样数量。

2. 单纱捻系数

$$\alpha = T\sqrt{\frac{Tt}{1000}}$$

式中：α——捻系数；

T——捻度，捻/m；

Tt——纱线线密度，tex。

3. 单纱捻度不匀率

平均差系数　$$H = \frac{2n_1(\overline{X} - \overline{X}_1)}{n\overline{X}} \times 100\%$$

式中：n——试样数；

$\overline{X}$——试样测试结果的平均值；

n_1——小于平均值的试样数；

$\overline{X}_1$——小于平均值的试验数据的平均值。

4. 单纱捻度的变异系数

$$\text{变异系数}(CV\text{值}) = \frac{\sqrt{\dfrac{\sum_{i=1}^{n}(x_i - \bar{x})^2}{n}}}{\bar{x}} \times 100\%$$

式中：x_i——各次测得数据值；

$\bar{x}$——测试数据的平均值；

n——测试根数。

5. 控制范围

成纱捻度的控制以设计捻度为标准，允许范围是±1.5%。

二、Y331LN型纱线捻度仪

成纱捻度常用Y331LN型纱线捻度仪检测，仪器如图4－4－1所示。在使用Y331LN型纱线捻度仪检测时，一般每个品种、每台机器每季至少轮试1次，捻度变换齿轮调整后应随时试验。

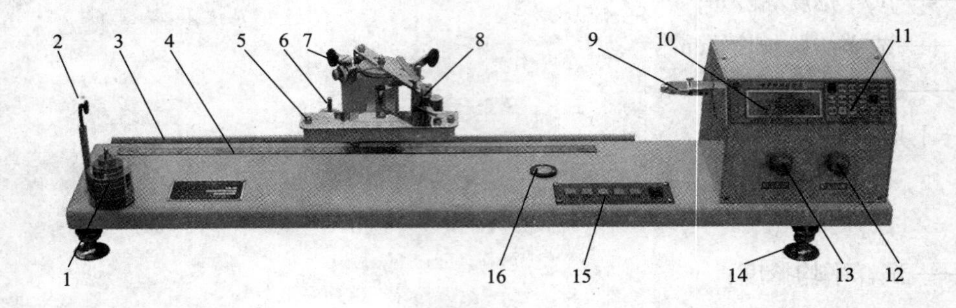

图4－4－1　Y331LN型纱线捻度仪

1—备用砝码　2—导纱钩　3—导轨　4—试验刻度尺　5—伸长标尺　6—张力砝码　7—张力导向轮　8—张力机构及左夹持器　9—右夹持器及割纱刀　10—显示器　11—键盘　12—调速钮Ⅰ　13—调速扭Ⅱ　14—可调地脚　15—电源开关及常用按键　16—水平指示

捻度仪由一对夹钳构成，其中一个为回转夹钳9，可以两个方向旋转，并与捻回计数显示器10连接。另一个固定夹钳8位置可移动，根据试样原料的不同、试验方法标准的不同(表4－4－1)，使两夹持器之间的长度在10～500mm的范围内变化，其精度为±0.5mm。夹钳口不得有缝隙。捻度仪有预加张力装置，捻回计数装置可记录或显示回转夹钳的回转数。

表4－4－1　不同测试方法与纱线材料的试验隔距

测试方法	方法标准号	纱线材料		隔距(mm)
直接计数法	GB/T 2543.1—2001	棉型纱		10、25
		中长纤维纱		50
		韧皮纤维纱		100、250
		股线与复丝	≥125捻回/10cm	250
			<125捻回/10cm	500
退捻加捻法	GB/T 2543.2—2001	棉型纱与中长纤维纱		500
	FZ/T 10001—2006	转杯纱		250

三、控制捻度，降低捻度不匀

1. 确定好纱线的捻度

纱线捻度的多少，直接影响纱线的物理机械性能和最终产品的风格。因此，必须根据产品的用途和纤维材料特性来设计纱线的捻度。如机织用纱捻度可以较高，而针织用纱的捻度应较低。强力要求高的纱则捻度应偏高，手感要求柔软的纱捻度应偏低。此外，捻度的高低与细纱机的产量直接有关，捻度增加则机器的单产降低，故应以满足用户或后工序的工艺需要为基础，兼顾生产效率，以确定纱线产品的捻度。

2. 设计捻度应小于临界捻度

捻度增大，纱芯外纤维的螺旋倾角增大，纤维上所受张力增大，纤维间摩擦力增加，纱体更紧密，纱的强力提高。当捻度增大到一定程度，强力得到充分的利用，达到最高值，这时的捻度通常称为“临界捻度”。捻度超过此极限，纱线受外力拉伸时，外层纤维因张力过大而易产生断裂，使纱的强力反而降低。

3. 降低捻度不匀

捻度在纱线上分布不匀会影响纱线的强力与强力不匀，提高纱线质量必须降低捻度不匀。产生捻度不匀的原因是多方面的，如加捻机构转速的不稳定会直接产生捻度不匀。对环锭细纱机而言，要求锭子的转速应该稳定一致，就要使锭带的张力差异小、所用锭带的材质好，要降低锭盘、锭带与锭子之间的传动滑溜。其他如锭子的润滑情况、筒管的质量等，也都会影响锭与锭间的捻度不匀。

产生捻度不匀的另一个重要方面是纱条不匀和纱疵的存在，因为捻度有向纱条较细处集中的趋势，所以条干均匀度差或纱疵多的纱线，其捻度变异系数也高。因此，要降低捻度不匀，就必须控制纱的条干变异系数。

4. 控制捻度，降低捻度变异系数

在实际生产中要重视设备管理，加强日常保养工作，优选有关机器配件，做好车间温湿度管理及操作培训等，都是控制捻度、降低捻度变异系数的基础性工作。

按工艺设计的捻度变换齿轮工艺上机，当实测捻度差异较大时，可适当调整捻度变换齿轮的齿数。

任务实施

一、Y331LN 型纱线捻度仪操作方法

（一）取样

试样在各机台上均匀随机拔取，每台不少于 2 只管纱，但应避免在同一锭带上抽取。各个品种开台数在 10 台及以下时，取满 20 只管纱；在 11 ~20 台间，应分 2 次各取 20 只管纱。依次类推，每管 2 段，共 40 段。

（二）操作步骤

1. 直接计数法

（1）打开电源开关，显示器显示信息参数。

(2)速度调整:在复位状态下,按"测速"键,电动机带动右夹持器转动,显示器显示每分钟转速,调整调速钮Ⅰ使之以(1000±200)r/min的速度旋转,按"复位"键返回复位状态。

(3)参数设定。

①设定测试隔距(设定完毕后应检查它与实际测试长度是否相符):测试隔距应尽量长,但应小于纱线中短纤维的平均长度,通常测试隔距见表4-4-2。

表4-4-2 短纤维单纱测试隔距

材料类别	棉 纱	精梳毛纱	粗梳毛纱	韧皮纤维
测试隔距(mm)	10或25	25或50	25或50	100及250

②设定预置捻回数:可以以设计捻度为依据来设置捻回数。

③根据测试需要输入测试次数、线密度、试验方法(直接计数法:F0)。

(4)进入测试。

①按试验键进入测试,在仪器的张力机构上按(0.5±0.1)cN/tex施加张力砝码。

②引纱操作:弃去试样始端纱线数米,在不使试样受到意外伸长和退捻的情况下,压启左夹持器上的钳口,将试样从左夹持器钳口穿过,引至右夹持器,夹紧左夹持器,按启右夹持器钳口,使纱线进入定位槽内,牵引纱线使左夹持器上的指针对准伸长标尺的零位,直至零位指示灯亮起,然后锁紧右夹持器钳口,将纱线夹紧,最后将纱线引导至割纱刀,轻拉纱线切断多余纱线。

③按下"启动"键,右夹持器旋转开始解捻,至预置捻数时自动停止,观察试样解捻情况,如未解完捻,再按"+"或"-"键(如速度过快可用调速旋钮Ⅱ调速)点动,或用手旋转右夹持器(把分析针插入左夹持器处的试样中,使针平移到右夹持器处)直至完全解捻。此时显示器显示的是捻回数,按"处理"键后,显示完成次数、捻度和捻系数,重复步骤②、③操作进行下一次测试,直至结束,按打印键打印统计结果。

2. 退捻加捻法

(1)打开电源开关,显示器显示信息参数。

(2)速度调整同1。

(3)预备程序:确定允许伸长的限位位置。设置隔距长度(500±1)mm,按(0.5±0.1)cN/tex的要求调整预加张力砝码,张力作用在两端夹持器夹持的试样上,同时调节试样长度,使指针指示在零位。然后右夹持器以800r/min或更慢的速度转动开始退捻,直到纱线中的纤维产生明显滑移,这时读取在断裂瞬间的伸长值,如果纱线没有断裂,则应读取反向再加捻前的最大伸长值,结果精确到1mm。按上述方式进行5次测试后,计算平均值,最后以平均值的1/4作为允许伸长的限位位置。

(4)确定预加张力:棉纱的预加张力为(0.5±0.1)cN/tex,在特定的情况下,如果所测捻度比纺纱机所施加的捻度高或低,建议多做一些预备试验。

(5)参数设定。

①设置隔距长度为(500±1)mm,并检查和实际测试长度是否相符。

②根据测试需要输入测试次数、线密度、测试方法(退捻加捻A法:F1;退捻加捻B法:F2)、捻向。

③确定伸长限位,并施加纱线张力砝码。

(6)引纱操作:弃去试样始端纱线数米,在不使试样受到意外伸长和退捻的情况下,压启左夹持器上的钳口,将试样从左夹持器钳口穿过,引至右夹持器,夹紧左夹持器,按启右夹持器钳口,使纱线进入定位槽内,牵引纱线使左夹持器上的指针对准伸长标尺的零位,直至零位指示灯亮起,然后锁紧右夹持器钳口,将纱线夹紧,最后将纱线引导至割纱刀,轻拉纱线切断多余纱线。

(7)开始测试:按"启动"键,右夹持器旋转开始解捻,解捻停止后再反向加捻,直到左夹持器指针返回零位,仪器自动停止,零位指示灯亮起,仪器显示完成次数、捻回数/m、捻回数/10cm、捻系数。重复以上操作,直至达到设置次数。按"打印"键,打印统计值。

二、成纱捻度的实验数据及分析控制

采用Y331LN型纱线捻度仪对成纱捻度进行检测,得出数据(表4-4-3)。

表4-4-3　成纱捻度的测试数据

纱线号数:9.7tex　预张力系数:0.5cN/tex　测试次数:20管×2次　环境温湿度:28℃/63%RH

管/次	单纱捻度(捻回/m)	管/次	单纱捻度(捻回/m)
1/1	1285.6	1/2	1239.2
2/1	1342.8	2/2	1310.8
3/1	1291.2	3/2	1295.2
4/1	1236.4	4/2	1266.4
5/1	1341.6	5/2	1207.2
6/1	1238.4	6/2	1330.0
7/1	1296.0	7/2	1383.6
8/1	1354.8	8/2	1227.6
9/1	1294.5	9/2	1324.2
10/1	1287.4	10/2	1258.2
11/1	1302.8	11/2	1263.0
12/1	1282.6	12/2	1294.6
13/1	1317.0	13/2	1288.0
14/1	1263.8	14/2	1326.4
15/1	1279.2	15/2	1268.8
16/1	1328.4	16/2	1315.2
17/1	1275.2	17/2	1290.4
18/1	1341.0	18/2	1322.8
19/1	1306.2	19/2	1319.4
20/1	1294.8	20/2	1284.6
平均值(捻回/m)	1294.4	不匀率H(%)	2.17
变异系数CV(%)	2.8	捻系数	127.5

1. 单纱平均捻度

$$t = \frac{\sum t_s}{n} = \frac{51775.3}{40} = 1294.4(\text{捻回}/\text{m})$$

式中:t——试样平均捻度;

$\sum t_s$——全部试样捻度的总和;

n——试样数量。

2. 单纱捻系数

$$\alpha = t\sqrt{\frac{Tt}{1000}} = 1294.4 \times \sqrt{\frac{9.7}{1000}} = 127.5$$

式中:α——捻系数;

t——捻度,捻/m;

Tt——纱线线密度,tex。

3. 单纱捻度不匀率

$$\text{平均差系数} H = \frac{2n_1(\bar{X} - \bar{X}_1)}{n\bar{X}} \times 100\% = \frac{2 \times 19 \times (1294.4 - 1264.9)}{40 \times 1294.4} \times 100\% = 2.17\%$$

式中:n——试样数,40;

$\bar{X}$——试样测试结果的平均值,1294.4 捻回/m;

n_1——小于 $\bar{X}$ 平均值的试样数,19;

$\bar{X}_1$——小于 $\bar{X}$ 的试验数据的平均值,1264.9 捻回/m。

4. 单纱捻度的变异系数

$$\text{变异系数}(CV\text{值}) = \frac{\sqrt{\frac{\sum_{i=1}^{n}(X_i - \bar{X})^2}{n}}}{\bar{X}} \times 100\% = \frac{\sqrt{\frac{52853.13}{40}}}{1294.4} \times 100\% = 2.8\%$$

式中:X_i——各次测得数据值;

$\bar{X}$——测试数据的平均值;

n——测试根数。

4. 数据分析

计算捻度(捻/m)为 1300 捻回/m,实际的测试捻度与之相差 5.6 捻回/m,0.4%,在允许的范围之内。单纱的捻度不匀率及变异系数都比较小。

考核评价

本任务的考核按照表 4-4-4 进行评分。

表 4-4-4　考核评分表

项　目	分　值					得　分
捻度仪的操作	50(按照步骤操作,少一步骤扣 2 分)					
检测试验数据	20(按照要求进行记录,对数据进行计算,少一项扣 3 分)					
数据分析及质量控制	30(根据数据分析提出控制成纱捻度的措施)					
书写、打印规范	书写有错误一次倒扣 4 分,格式错误倒扣 5 分,最多不超过 20 分					
姓名		班级		学号		总得分	

思考与练习

成纱捻度不匀较大,试分析原因,并提出控制措施。

任务 5　成纱疵点的检测与控制

学习目标

1. 熟悉纱疵的分级与检验。
2. 熟悉纱疵的控制措施。

任务引入

试按照生产规程,检查任务 1 中成纱的疵点。

任务分析

纱疵是在纺纱过程中,由于原料、机械、工艺、环境及操作等方面的原因,造成纱条上有一定长度的粗细节或污染。它对纱线的外观和物理性能都产生不利影响,直接影响到后工序的生产效率和最终产品的品质,是一项十分重要的纱线质量指标。

成纱疵点常用 SY300 型纱疵分级仪进行测量。

一般在当遇到不合格情况时,需要操作人员及时调整相关参数以改善成纱质量。

相关知识

一、成纱疵点检测项目及控制范围

检测细纱管纱的疵点,主要是为了控制成纱的质量。成纱主要有以下疵点。

1. 短粗节纱疵

纱疵的截面比正常纱粗 75%、长度在 8cm 以下者称短粗节。

2. 长粗节纱疵

纱疵的截面比正常纱粗 45% 以上、长度在 8cm 以上者称长粗节。

3. 细节纱疵

纱疵的截面比正常纱细 40% ~75%、长度在 8cm 以下者称细节。

4. 长细节纱疵

纱疵的截面比正常纱细 30% ~75%、长度在 8cm 以上者称长细节。

5. 控制范围

成纱疵点控制见附表 2。

二、SY300 型纱疵分级仪

成纱纱疵常用 SY300 型纱疵分级仪检测，仪器如图 4-5-1 所示。其基本原理与结构如图 4-5-2 所示。SY300 型纱疵分级仪的 33 级纱疵如图 4-5-3 所示。在使用 SY300 型纱疵分级仪检测时，一般每天逐台有重点的进行，工艺调整后应随时试验。

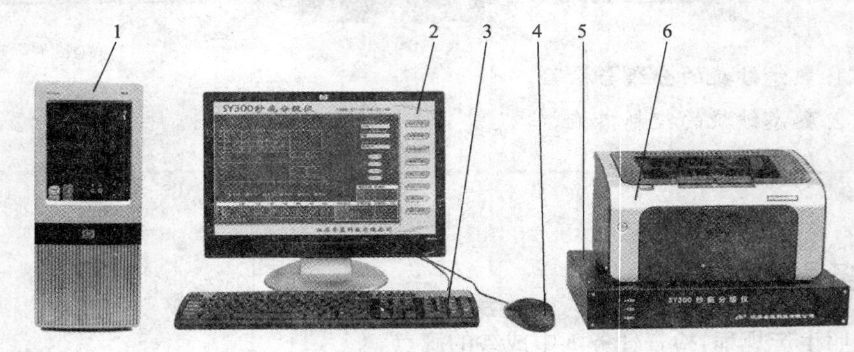

(a) 主机部分

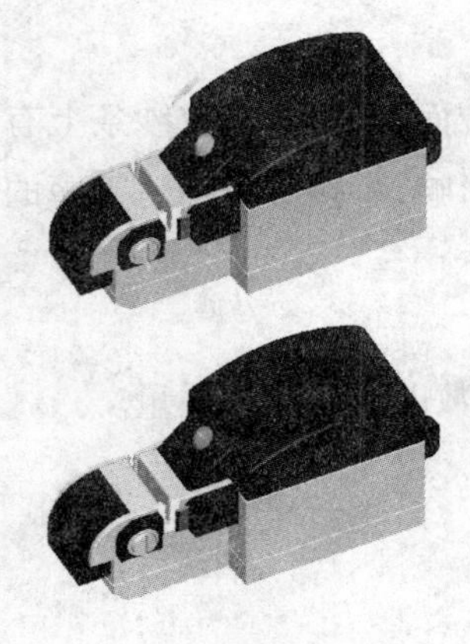

(b) 检测头

(c) 络筒机

图 4-5-1　SY300 型纱疵分级仪

1—主机　2—显示器　3—键盘　4—鼠标　5—电源箱　6—打印机

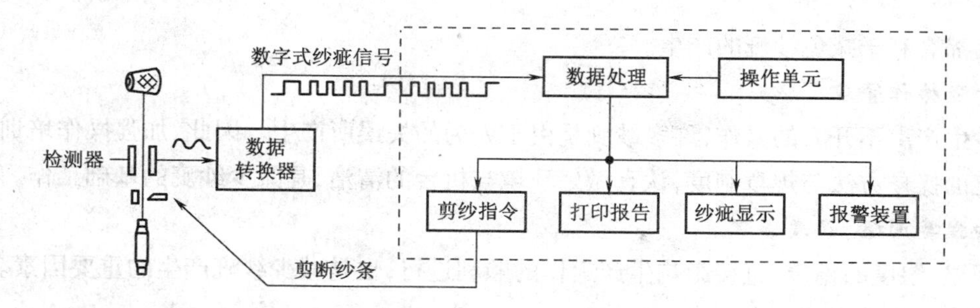

图4-5-2　纱疵分级仪基本结构框图

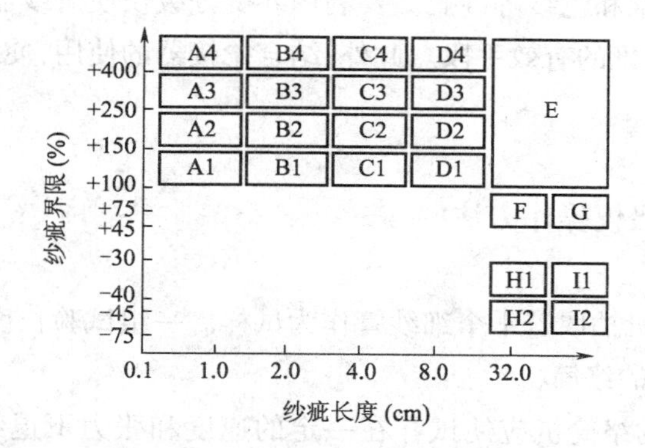

图4-5-3　SY300型的23级纱疵图(纱疵门限可按需要设置)

纱疵分级仪的检测器(传感器)就是电子清纱器,由电子清纱器将纱疵信号转换成电信号,再转换成数字信号,经运算处理,以得出纱疵分级的结果。纱疵分级仪与络筒机的电子清纱器应是配套使用的设备。

三、控制纱疵的措施

产生纱疵的原因是多方面的,必须从技术上、设备上、管理上全方位地采取措施,才能有效地控制和减少纱疵,以下是几个主要的方面。

1. 加强原料管理

要严格原料的检验,合理原料的配用和回用。

2. 合理工艺设计

根据原料条件配置合理的工艺,使前纺工序中充分地发挥除杂、开松和混合的作用,减少对纤维的损伤。各道牵伸装置要充分有效地控制纤维束的运动。

3. 加强设备管理,积极采用新技术、新设备

纺纱机械的故障是产生纱疵的主要原因之一,必须加强设备的维修保养工作,使设备状态正常,是减少纱疵的根本保证。要积极采用新技术,如自调匀整装置、牵伸部分的吸风清洁装置和有效的除尘系统、采用密封的油浴润滑车头和密封的设备外罩、可靠的自停装置、采用新型传动系统和PLC控制、智能化的工艺设计、在线的质量检测和自动报警装置等。这些新技术新设备的应用都有利于减免纱疵的产生。

4. 加强操作管理

纺纱生产离不开人的操作,许多纱疵是由于人为的失误所产生。因此,加强操作培训,严格执行规定的操作方法与规章制度,认真做好环境与机台的清洁,是减少纱疵的基础工作。

5. 加强车间温、湿度管理

车间温、湿度的稳定,直接影响生产运作的顺利进行,也是减少纱疵产生的重要因素。

6. 用好电子清纱器

纺纱过程中可能产生的竹节、粗节、细节、双纱等纱疵通过电子清纱器可以清除。新型电子清纱器还可以清除异性纤维和色纱等纱疵。要利用纱疵分级仪使清纱器正确设定参数,提高其清纱效率,是控制和减少纱疵的有效手段。此外,结合捻接器的使用,使结头纱疵得以减少。

任务实施

一、SY300型纱疵分级仪操作方法

(一)取样

每次试验从机台上随机抽取若干个细纱管作为试样。一组试验长度应不少于10×10^4m。

(二)安装纱疵分级仪的络筒机

(1)安装纱疵分级仪的络筒机应使试样在一定的速度和张力下退绕,并最终绕成筒子,在运行中不使试样产生变形损伤或意外伸长。

(2)络筒机不可安装防叠变速装置,所用锥形筒管的锥度要小于6°,使络筒机尽可能地保持恒速卷绕,以保证纱疵长度测试的准确性。

(三)操作步骤

1. 仪器的开启

(1)先按仪器连线示意图连接仪器的各部件。检查确保所有电缆连接正确无误。

(2)打开计算机电源和纱疵检测器电源开关。

(3)打开显示器和打印机的电源开关。

(4)按下计算机主机的开关按钮,计算机即启动。

(5)在仪器从开机到开始测量前,至少需要等待30min的预热时间,以确保测试的正确。

(6)络筒机速度推荐采用600m/min。

2. 测试参数的设定

(1)分级门限参数的设定。一般情况下,不需要修改分级门限的各个参数。如果要根据自己的要求进行设定,则点击"修改"按钮,原先的灰色编辑框将变成可编辑状态。按需要修改完成后,点击"保存修改"按钮即可。如果恢复到制造厂的原定值,则点击"恢复原值"按钮。

(2)分级长度的设定。一般情况下,不需要修改分级长度的各个参数。

3. 测试

(1)预张力设定。在保证纱条的移动平稳且抖动量小的前提下,不同线密度纱的预加张力见表4-5-1。

表4－5－1 预加张力的设定

线密度范围(tex)	10以下	10.1~30	30.1~50	50以上
张力圈(个)	0~1	1~2	2~3	3~5

(2)初设材料值。不同品种纱线的初设材料值见表4－5－2。

表4－5－2 材料值的设定

纤维材料	棉、毛、粘胶、麻	天然丝	腈纶、锦纶	丙纶	涤纶	氯纶
材料值	7.5	6.0	5.5	4.5	3.5	2.5

注 1.对于粘棉混纺纱与棉麻混纺纱,不论其混纺比例仍可按7.5。

2.对于涤棉混纺纱(65/35),材料值$=0.65\times3.5+0.35\times7.5=4.9$。对于棉涤混纺纱(65/35),材料值$=0.65\times7.5+0.35\times3.5=6.1$。

3.表中未列出的纱线可以根据其回潮率按类似纱线设定材料值。如棉维混纺纱(50/50),由于维纶的公定回潮率为5.0%,与锦纶的公定回潮率5.5%极为接近,故也采用表1－6－16的锦纶的5.5,所以棉维50/50混纺纱的材料值$=0.5\times7.5+0.5\times5.5=6.5$。

(3)启动。点击"启动"按钮,开始纱疵分级试验。在点击之前必须清除测试槽内的飞花杂物。

(4)试纱。程序先对每个检测头进行无试样调零过程,并把调零值返回主界面的显示框内。必须注意的是:正常试验时零值小于100,在100~500之间也能进行测试,但对测试结果有轻微的影响,零值>500则需重新调零。

(5)纱疵的切除功能。在"用户设定"中如进行纱疵切除功能的设定,则当某个检测头检测到某个在事先已设定的疵点切除功能的疵点时,切除该疵点。这一功能便于用户查看分析疵点的成因。

(6)停止信号。结束当前试验有三种方式。

第一种方式是在"用户设定"的"长度设置"选择了"单锭",当每一锭上的测试长度都达到了"试验长度"设定的长度后就自动结束试验。

第二种方式是在"用户设定"的"长度设置"选择了"累计长",当所有锭上的测试长度总和达到了"试验长度"设定的长度后就自动结束试验。

第三种方式是点击主界面上的"停止"按钮,强行终止。

(四)试验结果

试验结果一般可以有两种表示方法,即十万米各级纱疵数和十万米有害纱疵数。我国各产品标准都规定A3、A4、B3、B4、C3、C4、D2、D3、D4共9档纱疵为有害纱疵,并和各产品标准相比较而定等。

二、成纱疵点的实验数据及分析控制

采用SY300型纱疵分级仪对JC9.7tex的管纱疵点进行检测,得出数据(图4－5－4)。

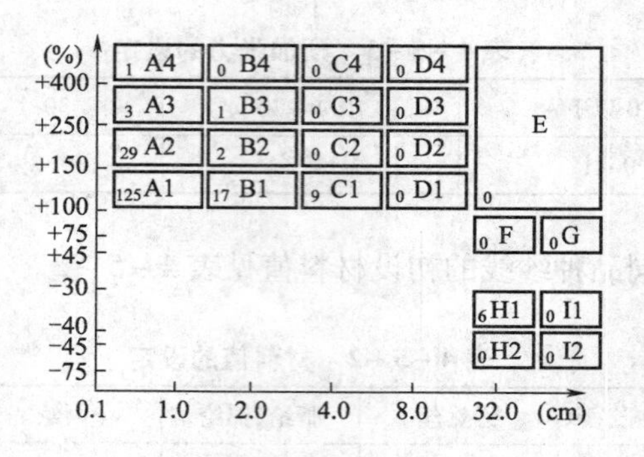

图 4-5-4　成纱疵点的测试数据

9 级有害纱疵为 5 个；长粗节纱疵为 0 个；长细节纱疵为 6 个。

根据测试的纱疵数据，设置络筒机电子清纱器的门限。

考核评价

本任务的考核按照表 4-5-3 进行评分。

表 4-5-3　考核评分表

项　目	分　值					得　分
纱疵分级仪的操作	50（按照步骤操作，少一步骤扣 2 分）					
检测试验数据	20（按照要求进行记录，对数据进行计算及分析，少一项扣 2 分）					
数据分析及质量控制	30（根据数据分析提出控制纱疵的措施）					
书写、打印规范	书写有错误一次倒扣 4 分，格式错误倒扣 5 分，最多不超过 20 分					
姓名		班级		学号		总得分	

思考与练习

你认为从哪些方面采取措施可以减少纱疵。

任务 6　成纱毛羽的检测与控制

学习目标

1. 熟悉成纱毛羽的检测。
2. 熟悉成纱毛羽的控制措施。

任务引入

试按照生产规程，检查任务 1 中成纱的毛羽。

任务分析

在纱线加捻过程中，大多数纤维端易伸出纱身外面，形成毛羽。纱线毛羽是指伸出纱线表面的纤维端或者纤维圈。毛羽的长度和数量与纤维形状、纺纱方法、成纱捻度、卷绕工艺和状态密切相关，并对织物的内在质量、外观质量、手感和使用有密切关系。

成纱毛羽常用 YG171LD 型纱线毛羽测试仪进行测量。

一般在当遇到不合格情况时，需要操作人员及时调整相关参数以改善成纱质量。

相关知识

一、成纱毛羽检测项目及控制范围

纱线毛羽是纱线质量的一个重要指标，目前虽未列入我国棉纱质量标准考核，但毛羽是机织特别是无梭织、针织生产中影响质量和生产率的主要因素，所以纱线毛羽指标是评定纱线质量的一个重要指标，也是反映纺织工艺、纱线加工部件好坏的重要依据。

1. 毛羽指数

单位长度纱线内，单侧面上伸出长度超过某设定长度的毛羽根数的累计数定义为“毛羽指数”，单位为根/m。

毛羽指标不仅对织物表面的光洁、手感滑爽、柔软和织物清晰、透明以及染色均匀有很大的影响，而且毛羽分布的变异常会造成织物的横档和条影。据 USTER 统计，大约有 15% 的布面疵点和毛羽疵点有关。毛羽过多也易形成织物的起毛、起球。

2. 控制范围

成纱毛羽的控制通常以客户的要求为准，达标即可。

二、YG171LD 型纱线毛羽测试仪

成纱捻度常用 YG171LD 型纱线毛羽测试仪检测，仪器如图 4－6－1 所示。其工作原理如图 4－6－2 所示。纱线毛羽试验标准，没有规定试验周期，因此可根据各棉纺厂在生产过程中的需要和产品要求，或者按用户对纱线毛羽的要求而定。

连续运动的纱线通过检测区时，光源将纱线一侧的毛羽投影成像，凡是大于设定长度的毛羽就会遮挡光束，光电检测器把毛羽挡光引起的变化转换成相应的电信号，然后进行信号处理、统计、显示、打印。

三、控制纱线毛羽措施

纺纱过程中产生毛羽的因素很多，涉及纺纱原料、工艺参数、设备状态、车间温湿度及操作管理等。根据纱线产品的质量要求，应从多方面入手，考虑综合经济效益，有效地控制和减少纱

线的毛羽。

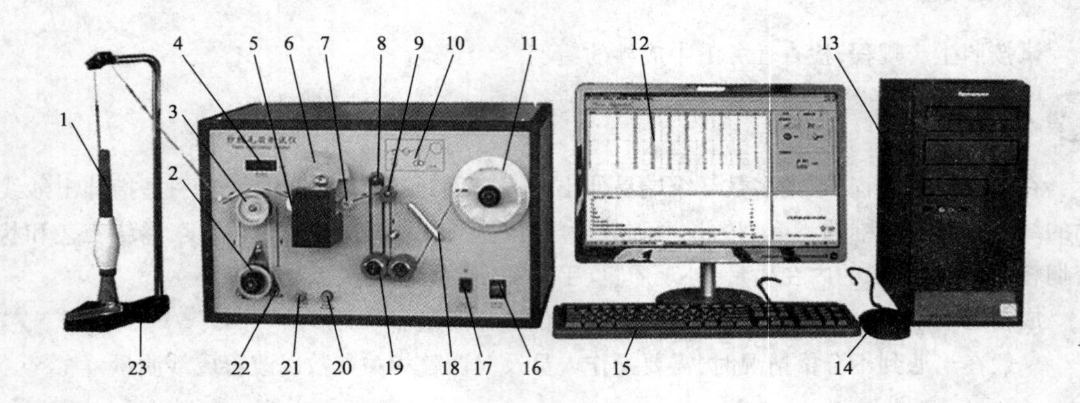

图 4－6－1　YG171LD 型纱线毛羽测试仪

1—纱管　2、3—双辊磁性张力调节装置　4—张力显示窗　5—高压静电绝缘帽　6—光电检测器及检具盘固定螺母　7—右定位轮　8—检具传动轮　9—张力检测器轮　10—试样路线图　11—收纱轮　12—显示器　13—主机　14—鼠标　15—键盘　16—电源开关　17—高压静电开关　18—挡纱器　19—纱线导辊　20—罗拉离合器按钮　21—张力调零钮　22—调节板　23—纱管架总成

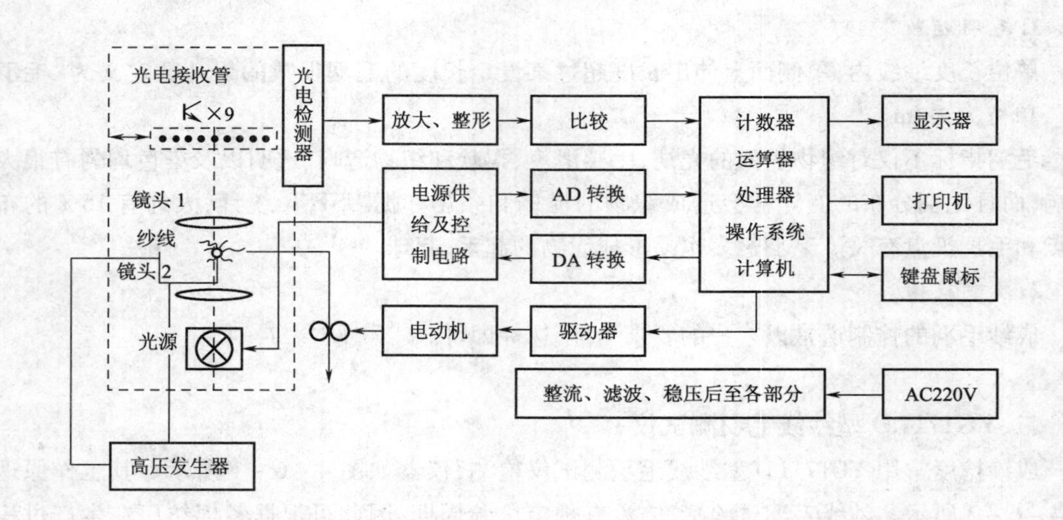

图 4－6－2　YG171LD 型纱线毛羽测试仪工作原理框图

（一）纺纱原料

纤维材料的长度分布、细度、强力、扭转刚度与绕曲刚度、卷曲度、摩擦因数、导电性等都会影响成纱毛羽的多少。

（1）纤维长度短或短绒率高，则线密度相同的纱线内纤维的头尾端增多，易于产生毛羽。选用纤维长度适当，整齐度好，短绒率低的纤维材料，有利于减少纱线的毛羽。

（2）纤维愈细，则线密度相同的纱条断面内的纤维根数就多，露出头尾的机会增加。但通常纤维的扭转刚度与绕曲刚度愈强，则纤维端伸出纱体的可能性愈大，纱的毛羽就多，而较细的纤维往往刚度较低。因此，通常采用细而长的纤维纺出纱的毛羽少，采用粗而短的纤维纺出纱的毛羽必多。

(3)纤维的强度差，在纺纱加工过程中容易断裂而变成短纤维，纺出纱的毛羽增多。

(4)对于纯棉纱而言，采用成熟度好的原棉，其纤维强度好，长度较长，且纤维粗细较均匀，易获得毛羽少、表面光洁的纱。棉与化学纤维混纺，则化学纤维的卷曲度、摩擦因数、导电性等性能会影响成纱的毛羽，化学纤维的卷曲度适当、摩擦因数大和导电性好，成纱毛羽较少。

(5)混棉时回花用量的多少，也影响成纱毛羽的多少。减少回花用量有利于减少毛羽。

(二)纺纱工艺参数

纺纱线密度愈粗，断面内的纤维根数相对愈多，毛羽也愈多，且毛羽的变异系数也较大。相同线密度的纱，捻度少，则纤维端易于伸出纱的主体外，相对的毛羽较多，适当增加纱的捻度，有利于减少毛羽。

1. 前纺工序

前纺清梳工序采用强梳理、少打击的工艺，减少对纤维的损伤，有利减少纱的毛羽。精梳、并条、粗纱工序提高半制品的纤维平行度、伸直度，减少弯钩、短绒率，适当增大粗纱捻度，均有利于减少成纱的毛羽。

2. 细纱工序

环锭细纱工序牵伸倍数提高，则毛羽增多；锭速提高，毛羽也相应增多。钢领板的升降动程大小也对毛羽有影响。实践证明，钢领板的升降动程从60mm增大到85mm，卷装顶部纱的毛羽指数及毛羽的标准差都呈逐步增大的趋势，而卷装下部纱的毛羽指数及毛羽的标准差却呈逐步减小的趋势，形成了相互交叉的两根趋势线。

3. 新型纺纱

转杯纺与喷气纺等新型纺纱产品，由于成纱结构及纺纱工艺、适纺品种不同，纱的毛羽情况各异。一般转杯纺常采用较短的纤维纺较粗的线密度，纱的表面为包绕纤维，纱的结构较蓬松，但3mm以上毛羽少。转杯速度提高，对毛羽量的变化不显著。喷气纺比较适合纺纤维整齐度较好的涤棉混纺纱等产品，其适纺线密度较细。

喷气涡流纺可以纺纯棉纱，但纱的断面内纤维根数也不宜少于80根。喷气纺纱的表面纤维部分形成包绕纤维，部分呈类似真捻的结构，3mm以上的毛羽也很少。

(三)纺纱机械状态

各道工序的纺纱机械状态都会在一定程度上影响最后成纱的毛羽。加强对纤维运动的控制，减少对纤维的损伤，改善对纱条的摩擦，都是减少成纱毛羽的手段。

作为最后纺成纱的细纱机对纱线毛羽的形成有着重要的关系。如牵伸部分集合器尺寸、加压与隔距的调节、胶辊与胶圈的材质等都直接会影响毛羽的产生。钢丝圈与钢领的选配及制造质量、走熟期与衰退期的掌握，筒管与锭子的机械状态，与纱条接触的导纱钩、隔纱板或气圈环等是否光洁，都会影响成纱的毛羽。此外，从机械结构和工艺上积极控制前罗拉吐出纤维须条的扩散，能有效减少成纱毛羽。

(四)车间温湿度与清整洁工作

纺纱车间相对湿度偏低,则成纱的毛羽增多。如细纱车间的相对湿度低于50%,纱的毛羽会急剧增加。纺纱机台的清洁工作,尤其是牵伸装置与纱的通道等位置的飞花清洁工作,包括自动吸风装置的作用等都会影响成纱的毛羽和纱疵。因此,加强温湿度管理、车间操作管理、设备管理等基础工作,都有利于减少成纱的毛羽。

(五)控制毛羽的稳定

对于纱线毛羽的控制,要注意不同锭位、不同卷装之间的差异,要减少卷装内毛羽周期性的变化,不仅要使纱线毛羽量减少,而且要力求稳定。

任务实施

一、YG171LD型纱线毛羽测试仪操作方法

(一)取样

一般规定在不同机台上每台取1个管纱,一个品种细纱机开台不足10台时,取10个管纱,超过10台时可轮流取样。每个管纱试10次,每次试30m。

(二)操作步骤

试验前需要开机预热20min。

1. 开机

(1)打开毛羽仪前面的电源开关。

(2)启动计算机,并双击桌面上的毛羽仪程序图标 MyyLB.exe 。

(3)主机与计算机连接,单击"连接"按钮。连接成功后,在软件界面的右下方显示连接成功图片。连接成功后,系统会按照预先设置的灯光进行调整灯光,调整完成后会显示调整灯光成功图,如图4-6-3所示。

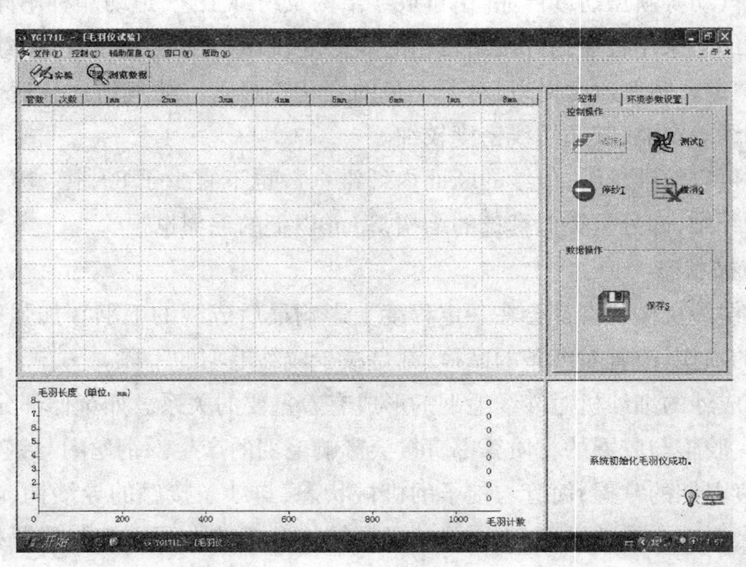

图4-6-3 连接成功图

2. 装纱

(1)将纱管或纱筒装在纱管架上。

(2)绕纱:按图4-6-4纱路图所示为仪器装上纱线,用手将绕纱盘顺时针转动多圈,使纱线绕上纱盘上,准备测试。

3. 试验

(1)环境参数设置:试验前请先查看试验的参数。在左上角单击"环境参数设置"标签,显示如下界面,如果您需要修改某个参数,请单击"编辑"按钮,修改完成后请单击"保存"按钮,以使其生效。参数设置界面,如图4-6-5所示。

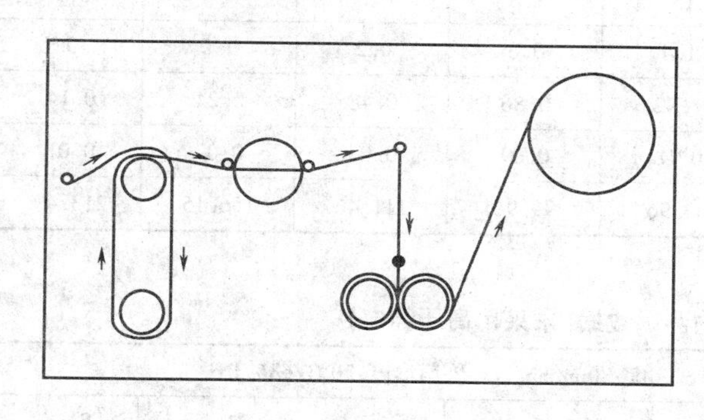

图4-6-4　纱路图

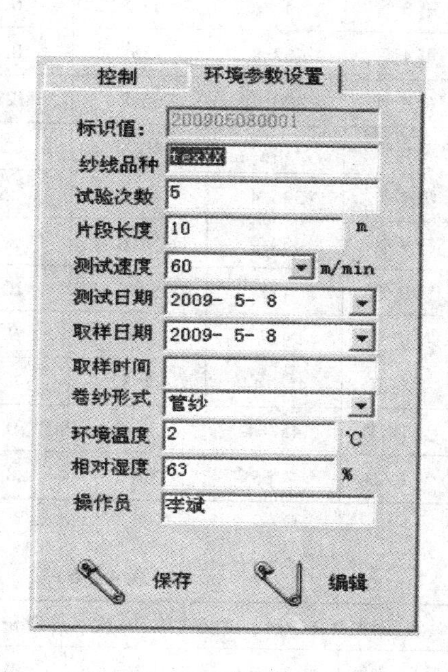

图4-6-5　参数设置界面

(2)预加张力调整:开机后预加张力应显示在0.0左右,如果偏离此值应调整仪器左下角的调零旋钮。

(3)试验:参数设置完后,用户可以单击"控制"标签,点击"测试"进行试验。在试验过程当中,可以调节张力调节轮,使之达到需要的张力。点击"停纱"可以取消最后一次试验结果,点击"撤消"可以取消本次全部实验结果。在完成规定的试验次数后,毛羽仪会自动停机,如果此时用户还有其他管需要测试,可在装好纱管后点击"测试",测试将继续进行。在测试完成后,用户可以点击"保存"保存本次实验。在测试的过程中,如果用户想删除某管某次的试验数据,用户可以点击该行数据后,单击右键,出现"删除"快捷菜单,删除后,系统会将正在测试的数据替换用户删除的数据。

(4)数据浏览:保存成功后,用户可以单击"文件"菜单中的"浏览"菜单项或者单击工具栏上的"浏览"按钮,系统将进入浏览毛羽仪数据界面。

二、成纱毛羽的实验数据及分析控制

采用 YG171LD 型纱线毛羽测试仪对成纱毛羽进行检测,得出数据(表 4-6-1、表 4-6-2)。

表 4-6-1　成纱毛羽的测试数据(采用高压静电)

纱线品种:JC9.7tex　试验次数:10 次　片段长度:10m　测试速度:30m/min　环境温湿度:20℃/63% RH

毛羽长度	1mm	2mm	3mm	4mm	5mm	6mm	7mm	8mm
第 1 管	464.2	55	8	1.2	0.4	0.2	0.2	0
第 2 管	431.2	56	6.4	1.4	0.6	0.4	0	0
第 3 管	514	63.8	6.6	1.8	0.4	0.2	0	0
第 4 管	467.8	55	8.2	1.4	0.4	0	0	0
第 5 管	490.4	66.8	12.2	4.2	2.8	1.4	1.2	0.8
第 6 管	416.2	40.4	5	0.6	0.2	0	0	0
第 7 管	396.4	44.8	5	0.6	0	0.2	0	0
第 8 管	450.2	54.6	8.8	2.2	1.2	1.4	0.4	0
第 9 管	477	53.8	10.4	3.4	1.8	0.8	0.4	0.6
第 10 管	457	58	9.2	1.4	0.8	0.2	0.2	0
平均值	456.44	54.82	7.98	1.82	0.86	0.48	0.24	0.14
毛羽指数	45.64	5.48	0.8	0.18	0.09	0.05	0.02	0.01
不匀率(%)	7.65	14.2	28.95	63.96	99.91	111.46	156.15	213.49

表 4-6-2　成纱毛羽的测试数据(未采用高压静电)

纱线品种:JC9.7tex　试验次数:10 次　片段长度:10m　测试速度:30m/min　环境温湿度:20℃/63% RH

毛羽长度	1mm	2mm	3mm	4mm	5mm	6mm	7mm	8mm
第 1 管	498.8	54.8	10	3.4	0.6	0.2	0	0
第 2 管	472	47.8	7.4	2.2	0.6	0.6	0.4	0.2
第 3 管	603.6	65.4	8	1.8	0.6	0	0	0
第 4 管	464.4	54.2	6	2	0.2	0.4	0.2	0
第 5 管	475.8	68.8	11.8	3.6	1.8	1.6	0.6	0.6
第 6 管	419	48.4	8	2.6	1.2	0.6	0.4	0.2
第 7 管	440.2	50.6	6.4	2	0.4	0.2	0.2	0
第 8 管	494.8	54.2	8.6	1.4	1.2	0.8	0	0
第 9 管	501	60.4	7.2	2.6	0.4	1.2	0.2	0
第 10 管	472.4	47	7.6	2.8	1	0.4	0.2	0
平均值	484.2	55.16	8.1	2.44	0.8	0.6	0.22	0.1
毛羽指数	48.42	5.52	0.81	0.24	0.08	0.06	0.02	0.01
不匀率(%)	6.67	19.66	40.21	52.33	53.37	58.56	82.41	101.52

未采用高压静电的情况测试的毛羽指数及采用高压静电测试的毛羽指数都是符合客户要求的,并且达到了USTER5%水平。测试的毛羽指数,只能作为参考,若在织机上,特别是喷气织机上发现开口不清,就必须采取相应措施对成纱的毛羽进行控制。

考核评价

本任务的考核按照表4-6-3进行评分。

表4-6-3 考核评分表

项目		分值				得分
纱线毛羽测试仪的操作		50(按照步骤操作,少一步骤扣2分)				
检测试验数据		20(按照要求进行记录,对数据进行计算及分析,少一项扣2分)				
数据分析及质量控制		30(根据数据分析提出控制成纱毛羽的措施)				
书写、打印规范		书写有错误一次倒扣4分,格式错误倒扣5分,最多不超过20分				
姓名		班级		学号		总得分	

思考与练习

你认为从哪些方面采取措施可以减少毛羽。

任务7 纱线外观质量的检测

学习目标

掌握成纱外观质量的检测。

任务引入

试按照生产规程,检查任务1中成纱的外观质量。

任务分析

成纱外观质量常用绕黑板并目测的方法进行检测。

一般在当遇到不合格情况时,需要操作人员及时调整相关参数以改善成纱质量。

相关知识

一、成纱外观质量的检测项目及控制范围

成纱外观质量的检测主要包括目测黑板条干检验与目测棉结杂质检验。

1. 目测黑板条干检验

将纱条绕在规定的黑板上(本色纱)在一定的光照条件下,用目光直观的方法与标准样照作比较,以评定纱条的条干水平。

2. 目测棉结杂质检验

将纱条绕在规定的黑板上(本色纱)在一定的光照条件下,用目光直观的方法检测规定区域内的纱线上的棉结杂质粒数。

3. 目测成纱外观质量检验的疵点(表4-7-1)

表4-7-1 目测纱线外观质量检验的疵点

疵点名称	表述
粗节	纱线的直径比正常纱增粗到能为检验人员所辨认
细节	纱线的直径比正常纱减细到能为检验人员所辨认
阴影	较多直径偏细的纱线排列在一起,使板面形成较阴暗的块状
阴阳板	板面上纱线显现有明显粗细的分界线
棉结	由一根或多根纤维缠结形成的未分解的团粒称棉结
	大棉结:其直径超过原纱3倍及以上的棉结
严重疵点	严重粗节:直径粗于原纱1倍,长5cm及以上的粗节
	严重细节:直径细于原纱0.5倍,长10cm及以上的细节
	竹节:直径粗于原纱2倍及以上,长1.5cm及以上的节疵
规律性不匀	纱板条干粗细不匀,并形成规律称规律性不匀
	一般规律性不匀:纱板上条干呈规律性不匀的面积占整个板面1/2及以上
	严重规律性不匀:满纱板呈规律性不匀,其阴影深度普遍深于一等样照最深的阴影

4. 控制范围

控制范围见附表2。

二、YG381型摇黑板机

成纱外观质量常用YG381型摇黑板机进行黑板样纱的绕取,为目测提供检测样品,仪器如图4-7-1所示。纱线毛羽试验标准,没有规定试验周期,因此可根据各棉纺厂在生产过程中的需要和产品要求,或者按用户对纱线外观的要求而定。

将管纱插在纱管支轴14上,引出纱头,依次经过导纱钩13与12,张力器11与导纱钩10,绕在黑板左侧缺口处,在张力器11上安装张力片,其张力重量在标准文本中无明文规定,但必须保证纱线绕在黑板上排列均匀,无明显间隙。张力片的重量有10g、15g、20g与40g四种。按启动按键3,黑板支架7带动黑板8旋转,绕纱驱动导向螺杆5也自左向右移动,直至碰撞限位开关,绕取停止,将纱绕在黑板右侧缺口处。摇黑板机上除游动导纱钩及保证均匀卷绕的张力装置外,不得装有任何影响棉结杂质的机件。

摇黑板机还有梯形黑板摇黑板机,如图4-7-2所示。它的黑板规格为:长度为575mm,宽度一端为160mm、另一端为250mm，厚度为3mm，以供分析规律性条干之用。

图4－7－1　YG381型摇黑板机

1—停止按键　2—调速旋钮　3—启动按键　4—张力片　5—绕纱驱动导向螺杆
6—移动座　7—黑板支架　8—黑板　9—换档驱动箱　10—导纱钩　11—张力器
12—导纱钩　13—导纱钩　14—纱管支轴

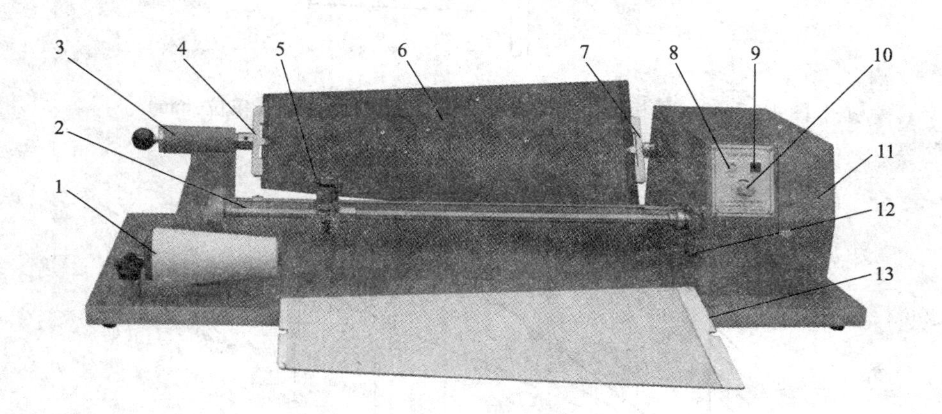

图4－7－2　YG381A型摇黑板机

1—纱管支轴　2—绕纱驱动导向　3—移动座　4—黑板支架　5—绕纱导向及张力装置
6—黑板　7—黑板支架　8—启动按键　9—停止按键　10—调速旋钮
11—换档驱动箱　12—导纱器　13—白板

三、黑板条干评等设备

评定黑板条干的灯光设备和展示标准样照和试样的框架设备以及尺寸按图4－7－3规定。光源采用两条并列的青色光或白色光40W日光灯。

四、黑板棉结杂质的检验设备

一般应在不低于400lx的照度下（最高不超过800lx）进行，如照度低于400lx时，应增加灯光检验设备。光线应从左后方射入，检验面的安放角度与水平成45°±5°的角度，如图4－7－4

所示，检验者的影子应避免投射到黑板上。

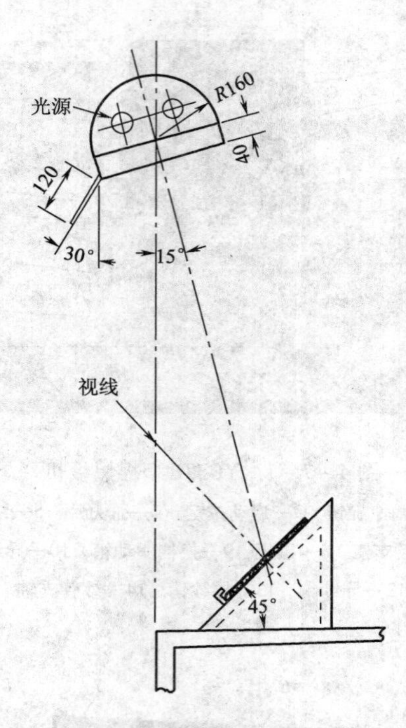

图 4-7-3　黑板条干均匀度检验的灯光设备示意图(单位:mm)

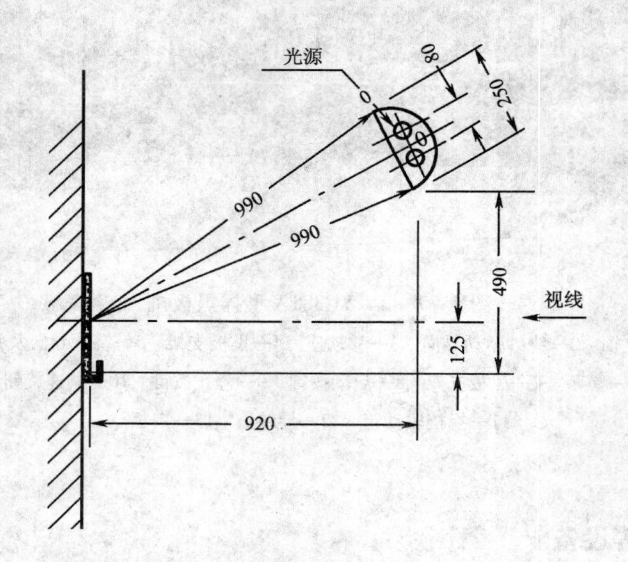

图 4-7-4　黑板棉结杂质检验的灯光设备示意图(单位:mm)

五、其他辅助设备

1. 黑板

黑板由塑料板制成，板面黑度应均匀一致，表面光滑，黑板的反面两端贴上绒布条，上下端距短边约 30mm，以便于操作和保护黑板板面，黑板尺寸的规定为：

220mm × 250mm × 2mm（宽 × 高 × 厚）

2. 浅蓝色底板

标准规定在检验棉结杂质时，应将浅蓝色底板插入试样与黑板之间。纺色纱线特别是深色纱线时，可使用白色底板。

3. 黑色压片

标准规定在检验棉结杂质时，应将黑色压片（图 4－7－5）压在试样上，压片上有五个长方形孔，长度为 50mm，宽度应能容纳 20 根纱线。推荐采用的纱线排列密度为 20 根/45mm，纺色纱线特别是深色纱线时，可使用白色压片。

4. 标准样照的尺寸

标准样照的尺寸为 180mm × 250mm（宽 × 高）。

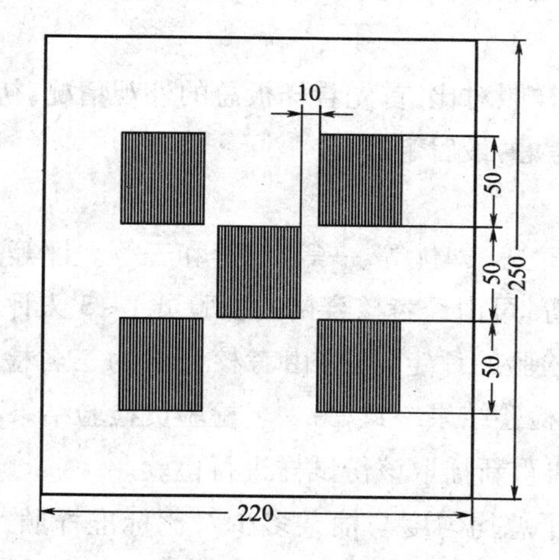

图 4－7－5　黑板棉结杂质检验用黑色压片示意图（单位：mm）

任务实施

一、纱线外观质量的检测

（一）取样

试样应对全体具有代表性，随机取样，取样以最后成品为对象。每份试样取 10 个卷装，不得固定机台与锭子取样，每个卷装摇取一块纱板，每份试样检验 10 块纱板。

（二）检验步骤

1. 绕取一定线密度的黑板

根据纱的线密度，调节摇黑板机的绕纱密度，通常按照 20 根/45mm 进行绕取。

2. 标准样照的放置

根据纱的线密度与品种，按表 4－7－2 所示的标准样照编号选择与试样相当组别的标准样照两张，样照应垂直平齐放入评级设备的支架上。

表 4-7-2　纱线的品种与黑板条干样照的编号

品　种		梳　棉　纱						精梳棉纱
线密度(tex)		8~10	11~15	16~20	21~30	32~60	64~192	≤7.5
标准样照编号	优等	000	010	020	030	040	050	200
	一等	001	011	021	031	041	051	201
品　种		精梳棉纱			针织汗布用纱		精梳涤棉纱	
线密度(tex)		8~15	16~30	≥32	≤20	≥21	10~18	19.5~31
标准样照编号	优等	210	220	230	120	130	611	621
	一等	211	221	231	121	131	612	622

3. 对比样照进行检测

检验者的视线与纱板中心应水平，在正常目力条件下，检验者与黑板的距离为 2.5m±0.3m。

取一块试样黑板与标准样照对比，首先看样板总的外观情况，初步确定和哪一等样照对比，然后再结合规定条文，全面考虑，最后定等。

4. 评等

纱线条干的评定分为四个等，即优等、一等、二等和三等。评等方法按下列规定进行。

(1)凡生产厂正常性评等，可由经考核合格的检验员 1~3 人评定。

(2)凡属于验收和仲裁检验的评定，则应由考核合格的三名检验员独立评定，所评的成批等别应一致。如两名检验员检验结果一致，另一名检验员检验结果不一致时，应予审查协商，以求得一致同意的意见，否则再重新摇取该份试样进行检验。

(3)评等时以纱板的条干总均匀度与棉杂多少对比标准样照，作为评定品等的主要依据。对比结果：好于或等于优等样照的(无大棉结)按优等评定；好于或等于一等样照的按一等评定；差于一等样照的评为二等。严重疵点、阴阳板、一般规律性不匀评为二等，严重规律性不匀评为三等。

(三)成纱外观质量的评定规定

1. 黑板条干均匀度的评等规定

(1)黑板上的阴影、粗节不可互相抵消，以最低一项评定。

(2)粗节。

①粗节部分粗于样照时，即降等。

②粗节数量多于样照时，即降等，但普遍细、短于样照时不降。

③粗节虽少于样照，但显著粗于样照时，即降等。

(3)阴影。

①阴影普遍深于样照时，即降等。

②阴影深浅相当于样照，如总面积显著大于样照时，即降等；但阴影总面积虽大，而浅于样照时，不降等。

③阴影总面积虽小于样照，但显著深于样照时，即降等。

(4)严重疵点。

①粗节：直径粗于原纱一倍，长5～9.9cm 2根或长10cm 1根。

②细节：直径细于原纱0.5倍，长10cm 1根。

③竹节：直径粗于原纱2倍(连本身3倍)，长1.5cm 1根。

(5)严重规律性不匀 满板呈规律性不匀，其阴影深度普遍深于一等样照最深的阴影。

2. 黑板棉结杂质的检验规定

(1)根据纱线的分等规定，棉结和杂质应分别记录，并以每克内的棉结数和棉结杂质总数列出。

(2)检验时，先将浅蓝色底板插入试样与黑板之间，然后用黑色压片压在试样上，进行正反两面的每格内的棉结和杂质检验。将全部纱样检验完毕后，算出10块黑板(100m长纱线)的棉结和杂质总粒数，再根据下式计算一克棉纱线内的棉结和棉结杂质粒数。

$$K = \frac{K_{10}}{\mathrm{Tt}} \times 10$$

式中：K——棉结数或棉结杂质数，粒/g；

K_{10}——10块黑板的棉结数或棉结杂质数，粒；

Tt——纱线线密度，tex。

检验时，要求逐格检验，并不得翻拨纱线，检验者的视线与纱条成垂直线，检验距离以检验人员的目力在辨认疵点时不费力为原则。

(3)棉结的确定：棉结是由棉纤维、未成熟棉或僵棉因轧花或纺纱过程中处理不善集结而成。

①棉结不论黄色、白色、圆形、扁形、或大、或小，以检验者的目力所能辨认者即计。

②纤维聚集成团，不论松散与紧密，均以棉结计。

③未成熟棉与僵棉形成棉结(成块、成片、成条)，以棉结计。

④黄白纤维虽未成棉结，但形成棉索，且有一部分纺缠于纱线上的，以棉结计。

⑤附着棉结以棉结计。

⑥棉结上附有杂质，以棉结计，不计杂质。

⑦凡棉纱条干粗节，按条干检验，不计棉结。

(4)杂质的确定：杂质是附有或不附有纤维(或绒毛)的籽屑、碎叶、碎枝杆、棉籽软皮、毛发及麻草等杂物。

①杂质不论大小，以检验者的目力所能辨认者即计。

②凡杂质附有纤维，一部分纺缠于纱线上的，以杂质计。

③凡一粒杂质破裂为数粒而聚集在一团的，以一粒计。

④附着杂质以杂质计。

⑤油污、色污、虫屎及油线、色线纺入，均不算杂质。

二、成纱外观质量的实验数据及分析控制

采用目测黑板条干与目测棉结杂质对成纱外观进行检测，得出数据(表4-7-3)。

表4-7-3　目测成纱外观的检测数据

纱板序号	1	2	3	4	5	6	7	8	9	10	总计
评等	一	优	优	优	优	优	一	优	优	优	—
棉结(粒)	2	1	3	4	2	5	3	2	4	3	29
杂质(粒)	1	0	2	1	0	1	0	0	2	1	8

(1)等级：优∶一∶二∶三为：8∶2∶0∶0。

(2)1g棉纱线内的棉结粒数：$K=\frac{K_{10}}{Tt}\times 10=\frac{29}{9.7}\times 10\approx 30$(粒/g)。

(3)1g棉纱线内的棉结杂质粒数：$K=\frac{K_{10}}{Tt}\times 10=\frac{37}{9.7}\times 10\approx 38$(粒/g)。

根据附表2可知，成纱的黑板条干均匀度属于优等；1g棉纱线内的棉结和棉结杂质粒数均属于一等。

考核评价

本任务的考核按照表4-7-4进行评分。

表4-7-4　考核评分表

项　目		分　值				得　分
摇黑板		40(按照步骤操作，少一步骤扣2分)				
成纱外观质量的检测		40(按照要求进行记录，对数据进行计算及分析，少一项扣2分)				
数据分析		20(根据数据分析出成纱的等级)				
书写、打印规范		书写有错误一次倒扣4分，格式错误倒扣5分，最多不超过20分				
姓名		班级		学号		总得分

任务8　纱线成包回潮率测试

• 学习目标 •

掌握筒纱(捻线)成包回潮率的检测。

任务引入

纱线筒子在出售时,必须测试筒纱的回潮率。

任务分析

筒纱回潮率测试,主要是确定售纱线筒子折算到公定回潮率时的成包重量,回潮率测定的准确与否,直接影响到棉纺厂的用棉量和用户单位的用纱量。

相关知识

一、筒纱回潮率测试方法

(一)烘箱测试法

与纱线线密度试验时的烘箱法相同。

(二)测湿仪测定法

纱线测湿仪法是根据纱线回潮率不同时,电阻值也随之变化的原理设计的。回潮率高时,电阻值小;回潮率低时,电阻值大。

筒子纱的电阻值除与回潮率有关外,还受筒子密度与温度等影响。一般情况下,只要筒子不过紧过松,密度的影响可略去不计,而温度的影响比较显著。

二、YG201B 型纱线筒子测湿仪

筒纱回潮率常用 YG201B 型纱线筒子测湿仪检测,仪器如图 4-8-1 所示。

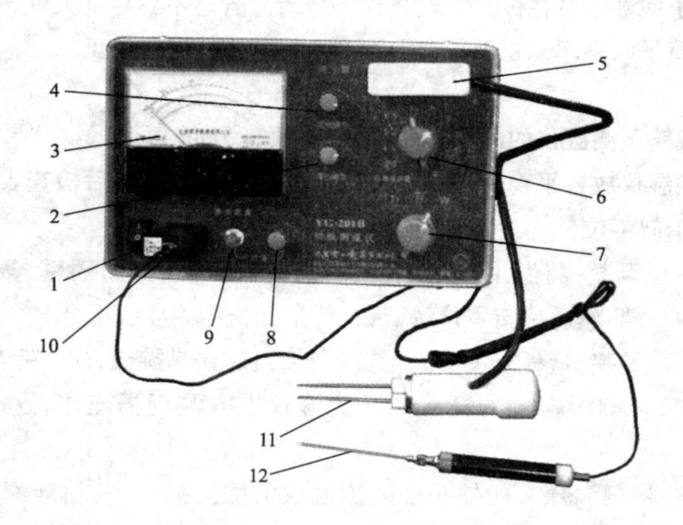

图 4-8-1　YG201B 型纱线筒子测湿仪

1—电源开关　2—零位调节钮　3—指示表　4—红线调节　5—测湿插座　6—量程开关
7—温度和回潮率测量选择开关　8—满度调整　9—调满旋钮　10—测温插座
11—测湿探头　12—测温探头

任务实施

一、试验周期与取样

售纱线筒子回潮率应随批号进行，以日为批量成包的，应每日测试回潮率；以班为批量成包的，应每班测试回潮率。筒子纱线批量在2吨及以下的，应每0.2吨取样一个，但不得少于六个。批量在2吨以上的，其超过部分，每0.5吨取一个筒子。取样应具有随机性与均匀性。常日班成包的应注意三班筒子的代表均衡性。不宜在纱仓外层取样。

二、烘箱测试法

1. 直接称重法

先将筒子纱线外层去除约1/3之厚处用刀划断内层纱线，并将其剥下称重，作为试样烘前重量，然后放入烘箱中，烘干后称得重量并计算回潮率。

2. 间接称重法

采样前将筒子纱称重，然后摇取试样，采样后再将筒子纱称重，两次称得重量之差即为试样烘前重量，然后放入烘箱中，烘干后称得重量并计算回潮率。

纱线批量在2吨及以下时，取样总重量不少于75g；2吨以上时，取样总重量不少于150g。试验用天平的最大载荷应满足2kg的要求，精确度不大于0.1g。

三、测湿仪测定法

1. 试验时的大气条件

测试纱线筒子回潮率应在标准大气条件下进行。若达不到标准大气条件，需将试样测得的结果参照棉纱线筒子回潮率修正系数（附表10和附表11）进行修正。

2. 测试程序

(1)开启纱线筒子测湿仪的电源开关，将仪器预热5min以上。

(2)将纱线测湿仪放置平稳后，将绝缘垫板放在工作台上，然后检查表头零位调节钮，并校准指示表的指针指向零位。

(3)回潮率零位调整：将温度和回潮率测量选择开关拨到回潮率“W”档，量程开关拨到“3%～11%”其中一档，然后旋转零位调节钮，使指针与零刻度线重合。

(4)回潮率满度调整：量程开关拨到“红线”档，旋转调满旋钮，使指针与满度红线重合。

(5)调整完毕，将测湿探头的插头插入测湿仪上方测湿插座中，这时，指针不应偏离刻度线。

(6)温度调整：将测温探头的插头插入测湿仪的测温插座中，估计测量试样温度的范围。当试样温度在7～20℃时，选择“T1”档；当温度为20.5～35℃时，选择“T2”档，旋转调满旋钮，使指针与满刻度线重合。

(7)温度测试：将待测筒子纱放在绝缘垫板上。将测温探头的插针插入待测筒子纱中（图4－8－2的*A*向）待指针稳定后记录温度值。第一只筒子温度测试完毕后，将测温探头插入第二只待测筒子纱中，每只筒子的温度测试1次。

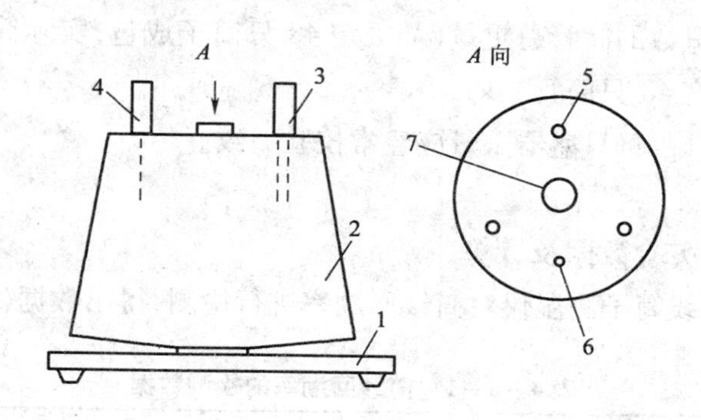

图4-8-2　筒子测试插针示意图

1—绝缘垫板　2—筒子纱试样　3—测湿探头　4—测温探头

5—测湿点　6—测温点　7—筒管

(8)回潮率测试：将测湿探头的插针，方向和位置如图4-8-2的A向所示的上、左及右的位置。拨动回潮率量程开关，使指针在0~1.0%之间，量程开关所指数字为回潮率的整数值，表头指针的读数为回潮率的小数值，两者相加即为待测筒子纱的回潮率。例如量程开关指向7，表头指针指向0.5，即表示该筒子纱的回潮率为7.5%。

(9)每只待测筒子纱上下两端各测三点共6点，并根据测试结果求出第一只筒子的温度与平均回潮率。

(10)重复进行第二只、第三只直到全部待测筒子的温度与平均回潮率测试完毕。

(11)全部待测品种的试样测试完毕后，关闭电源、拨去测温探头和测湿探头，仪器置于试验室内。

3. 数据计算

(1)回潮率的计算：利用YG201型纱线筒子测湿仪测试得到的回潮率需进行必要的修正(按测试时的温度)修正公式如下。

$$回潮率 = 平均回潮率读数 + 修正系数$$

查阅修正系数时，回潮率部分以0.5%为间隔，在0.24%及以下或0.75%及以上查阅整数部分，在0.25%~0.74%之间则查阅0.5%部分。双股线在查表后再减0.2%，但精梳股线除外。温度部分也以0.5℃为间隔，取舍部分与回潮率的取舍原则相同。

(2)成包筒子重量的计算。

在求得筒子回潮率后，每包筒子纱线的重量计算：

$$G_w = G_0 \times \frac{100 + w}{100 + w_0} + G' + G''$$

式中：G_w——实际回潮率时每包筒子总重量，kg；

G_0——公定回潮率时每包筒子净重量，一般为50kg；

w——实际回潮率；

w_0——公定回潮率；

G'——规定成包只数的筒管总重量（如规定 48 只筒子成包，实际筒子不足 48 只时，成包时应补足有 48 只筒管），kg；

G''——盛器重量，kg，每只盛器重量应经常校验一致。

四、筒纱回潮率的实验数据及计算

采用 YG201B 型纱线筒子测湿仪对筒纱回潮率进行检测，得出数据（表 4-8-1）。

表 4-8-1 筒纱回潮率的检测数据

筒纱序号	1	2	3	4	5	6	平均
6 点平均回潮率（%）	8.2	8.3	8.2	8.2	8.1	8.2	—
温度（℃）	26.4	26.2	26.5	26.4	26.2	26.4	—
修正后的回潮率（%）	7.62	7.78	7.62	7.62	7.57	7.62	7.64

考核评价

本任务的考核按照表 4-8-2 进行评分。

表 4-8-2 考核评分表

项目		分值				得分
纱线筒子测湿仪的操作		60（按照步骤操作，少一步骤扣 2 分）				
检测试验数据		40（按照要求进行记录，对数据进行计算，少一项扣 3 分）				
书写、打印规范		书写有错误一次倒扣 4 分，格式错误倒扣 5 分，最多不超过 20 分				
姓名		班级		学号		总得分	

思考与练习

1. 根据表 4-8-3 所给予的数据，进行分析。

表 4-8-3 筒纱测试数据

品种	车号	CV 值（%）	细节 -50%	粗节 +50%	棉结 +140%	棉结 +200%	棉结 +280%	棉结 +400%	毛羽 H	CV_{Hb} 值（%）
JC5.8	1	14.71	25	113	618	213	101	39	2.73	2.65
JC5.8	2	14.21	18	95	561	188	90	25	2.75	1.78
JC5.8	3	14.44	17	103	560	206	97	29	2.73	2.12
JC5.8	4	14.67	35	95	611	209	93	40	2.71	0.38
JC5.8	5	14.58	31	105	566	205	98	34	2.69	2.79
JC5.8	6	14.25	18	91	528	195	89	29	2.68	0.93

（1）分析上述指标中条干较好的纱线是哪一台车生产的？

（2）分析上述指标中毛羽状况较好的是哪一台车生产的？

（3）分析4号车和6号车的毛羽情况有什么区别？

2. 测试得出JC9.7纱线的条干*CV*值是13.62%，分析该纱线的条干*CV*值符合要求否？如何对该纱线进行处理？

参考文献

[1]《棉纺手册》(第三版)编委会.棉纺手册[M].3版.北京:中国纺织出版社,2004.
[2]常涛.纺织品质量控制与检验[M].北京:中国劳动社会保障出版社,2011.
[3]郁崇文.纺纱工艺设计与质量控制[M].北京:中国纺织出版社,2005.
[4]徐少范.棉纺质量控制[M].北京:中国纺织出版社,2002.
[5]刘恒琦.纱线质量检测与控制[M].北京:中国纺织出版社,2008.
[6]刘荣清,王柏润.棉纺试验[M].3版.北京:中国纺织出版社,2008.

附　录

表 1　梳棉纱的技术要求

特克斯数（英制支数）	等别	单纱断裂强力变异系数 CV(%) 不大于	百米重量变异系数 CV(%) 不大于	单纱断裂强度（cN/tex）不小于	百米重量偏差（%）不大于	条干均匀度		1g 内棉结粒数不多于	1g 内棉结杂质总粒数不多于	实际捻系数		十万米纱疵数（个/10^5m）不多于
						黑板条干均匀度 10 块板比例（优:一:二:三）不低于	条干均匀度变异系数 CV(%) 不大于			经纱	纬纱	
8～10（70～56）	优	10.0	2.2	15.6	2.0	7:3:0:0	16.5	20	40			20
	一	13.0	3.5	13.6	2.5	0:7:3:0	19.5	50	90	340～430	310～380	40
	二	17.0	4.5	10.6	3.5	0:0:7:3	22.0	90	140			—
11～13（55～44）	优	9.5	2.2	15.8	2.0	7:3:0:0	16.5	25	50			20
	一	12.5	3.5	13.8	2.5	0:7:3:0	19.5	60	100	340～430	310～380	40
	二	16.5	4.5	10.8	3.5	0:0:7:3	22.0	100	150			—
14～15（43～37）	优	9.5	2.2	16.0	2.0	7:3:0:0	16.0	25	50			20
	一	12.5	3.5	14.0	2.5	0:7:3:0	18.5	60	100	330～420	300～370	40
	二	16.5	4.5	11.0	3.5	0:0:7:3	21.5	100	150			—
16～20（36～39）	优	9.0	2.2	16.0	2.0	7:3:0:0	15.5	25	50			20
	一	12.0	3.5	14.0	2.5	0:7:3:0	18.0	60	100	330～420	300～370	40
	二	16.0	4.5	11.0	3.5	0:0:7:3	21.0	100	150			—
21～30（28～19）	优	8.5	2.2	16.0	2.0	7:3:0:0	15.0	25	50			20
	一	11.5	3.5	14.0	2.5	0:7:3:0	17.5	60	100	330～420	300～370	40
	二	15.0	4.5	11.0	3.5	0:0:7:3	20.0	100	150			—

续表

特克斯数（英制支数）	等别	单纱断裂强力变异系数 CV(%) 不大于	百米重量变异系数 CV(%) 不大于	单纱断裂强度（cN/tex）不小于	百米重量偏差（%）不大于	条干均匀度		1g内棉结粒数不多于	1g内棉结杂质总粒数不多于	实际捻系数		十万米纱疵数（个/10^5m）不多于
						黑板条干均匀度10块板比例（优:一:二:三）不低于	条干均匀度变异系数 CV(%) 不大于			经纱	纬纱	
32～34（18～17）	优	8.0	2.2	16.0	2.0	7:3:0:0	14.5	30	60	320～410	290～360	20
	一	11.0	3.5	14.0	2.5	0:7:3:0	17.0	70	120			40
	二	15.0	4.5	11.0	3.5	0:0:7:3	20.0	110	180			—
36～60（16～10）	优	7.5	2.2	16.0	2.0	7:3:0:0	14.0	30	60	320～410	290～360	20
	一	10.5	3.5	14.0	2.5	0:7:3:0	16.5	70	120			40
	二	14.5	4.5	11.0	3.5	0:0:7:3	19.5	110	180			—
64～80（9～7）	优	7.0	2.2	15.8	2.0	7:3:0:0	13.5	30	60	320～410	290～360	20
	一	10.0	3.5	13.8	2.5	0:7:3:0	16.0	70	120			40
	二	14.0	4.5	10.8	3.5	0:0:7:3	19.0	110	180			—
88～192（6～3）	优	6.5	2.2	15.6	2.0	7:3:0:0	13.0	30	60	320～410	290～360	20
	一	9.5	3.5	13.6	2.5	0:7:3:0	15.5	70	120			40
	二	13.5	4.5	10.6	3.5	0:0:7:3	18.5	110	180			—

表 2 精梳棉纱的技术要求

特克斯数（英制支数）	等别	单纱断裂强力变异系数 CV(%) 不大于	百米重量变异系数 CV(%) 不大于	单纱断裂强度 (cN/tex) 不小于	百米重量偏差 (%) 不大于	条干均匀度		1g内棉结粒数 不多于	1g内棉结杂质总粒数 不多于	实际捻系数		十万米纱疵数 (个/10^5m) 不多于
						黑板条干均匀度10块板比例 (优:一:二:三) 不低于	条干均匀度变异系数 CV(%) 不大于			经纱	纬纱	
4～4.5 (150～130)	优	12.0	2.2	15.2	2.0	7:3:0:0	17.0	20	25	340～430	310～360	10
	一	14.5	3.5	13.8	2.5	0:7:3:0	19.5	45	55			30
	二	18.5	4.5	12.0	3.5	0:0:7:3	22.5	70	85			—
5～5.5 (130～111)	优	11.5	2.2	15.2	2.0	7:3:0:0	16.5	20	25	340～430	310～360	10
	一	14.0	3.5	13.8	2.5	0:7:3:0	19.0	45	55			30
	二	18.0	4.5	12.0	3.5	0:0:7:3	22.0	70	85			—
6～6.5 (110～91)	优	11.0	2.2	15.4	2.0	7:3:0:0	16.0	20	25	330～400	300～350	10
	一	13.5	3.5	13.8	2.5	0:7:3:0	18.5	45	55			30
	二	17.5	4.5	12.2	3.5	0:0:7:3	21.5	70	85			—
7～7.5 (90～71)	优	10.5	2.2	15.4	2.0	7:3:0:0	15.5	20	25	330～400	300～350	10
	一	13.0	3.5	13.8	2.5	0:7:3:0	18.0	45	55			30
	二	17.0	4.5	12.2	3.5	0:0:7:3	21.0	70	85			—
8～10 (70～56)	优	9.5	2.2	15.6	2.0	7:3:0:0	15.0	20	25	330～400	300～350	10
	一	12.5	3.5	14.0	2.5	0:7:3:0	17.5	45	55			30
	二	16.5	4.5	12.4	3.5	0:0:7:3	20.0	70	85			—
11～13 (55～44)	优	8.5	2.2	15.6	2.0	7:3:0:0	14.5	15	20	330～400	300～350	10
	一	11.5	3.5	14.0	2.5	0:7:3:0	16.5	35	45			30
	二	15.5	4.5	12.4	3.5	0:0:7:3	19.0	55	75			—

续表

特克斯数(英制支数)	等别	单纱断裂强力变异系数 CV(%) 不大于	百米重量变异系数 CV(%) 不大于	单纱断裂强度(cN/tex) 不小于	百米重量偏差(%) 不大于	条干均匀度		1g内棉结粒数不多于	1g内棉结杂质总粒数不多于	实际捻系数		十万米纱疵数(个/10^5m) 不多于
						黑板条干均匀度10块板比例(优:一:二:三) 不低于	条干均匀度变异系数 CV(%) 不大于			经纱	纬纱	
14~15 (43~37)	优	8.0	2.2	15.8	2.0	7:3:0:0	14.0	15	20			10
	一	11.0	3.5	14.2	2.5	0:7:3:0	16.0	35	45	330~400	300~350	30
	二	15.0	4.5	12.6	3.5	0:0:7:3	19.0	55	75			—
16~20 (36~29)	优	7.5	2.2	15.8	2.0	7:3:0:0	13.5	15	20			10
	一	10.5	3.5	14.2	2.5	0:7:3:0	15.5	35	45	320~390	290~340	30
	二	14.5	4.5	12.6	3.5	0:0:7:3	18.5	55	75			—
21~30 (28~19)	优	7.0	2.2	16.0	2.0	7:3:0:0	12.5	15	20			10
	一	10.0	3.5	14.4	2.5	0:7:3:0	15.0	35	45	320~390	290~340	30
	二	14.0	4.5	12.8	3.5	0:0:7:3	17.5	55	75			—
32~36 (18~16)	优	6.5	2.2	16.0	2.0	7:3:0:0	11.5	15	20			10
	一	9.5	3.5	14.4	2.5	0:7:3:0	14.0	35	45	320~390	290~340	30
	二	13.5	4.5	12.8	3.5	0:0:7:3	16.5	55	75			—

表3 FZ/T 10013.1 棉本色纱断裂强力的温度和回潮率修正系数

温度(℃) \ 回潮率(%)	5.0	5.1	5.2	5.3	5.4	5.5	5.6	5.7	5.8	5.9	6.0	6.1	6.2	6.3	6.4	6.5	6.6	6.7
11	1.151	1.143	1.135	1.128	1.120	1.113	1.105	1.098	1.091	1.085	1.078	1.072	1.065	1.059	1.053	1.048	1.042	1.036
12	1.154	1.146	1.138	1.130	1.123	1.115	1.108	1.101	1.094	1.087	1.081	1.074	1.068	1.062	1.056	1.050	1.044	1.038
13	1.157	1.149	1.141	1.133	1.126	1.118	1.111	1.104	1.097	1.090	1.083	1.077	1.070	1.064	1.058	1.052	1.047	1.041
14	1.161	1.152	1.144	1.136	1.129	1.121	1.114	1.107	1.100	1.093	1.086	1.080	1.073	1.067	1.061	1.055	1.049	1.044
15	1.164	1.156	1.148	1.140	1.132	1.125	1.117	1.110	1.103	1.096	1.089	1.083	1.077	1.070	1.064	1.058	1.052	1.047
16	1.168	1.160	1.152	1.144	1.136	1.128	1.121	1.114	1.107	1.100	1.093	1.086	1.080	1.074	1.068	1.062	1.056	1.050
17	1.173	1.164	1.156	1.148	1.140	1.132	1.125	1.118	1.111	1.104	1.097	1.090	1.084	1.077	1.071	1.065	1.059	1.053
18	1.177	1.169	1.161	1.152	1.145	1.137	1.129	1.122	1.115	1.108	1.101	1.094	1.088	1.081	1.075	1.069	1.063	1.057
19	1.182	1.174	1.165	1.157	1.149	1.141	1.134	1.126	1.119	1.112	1.105	1.099	1.092	1.085	1.079	1.073	1.067	1.061
20	1.188	1.179	1.171	1.162	1.154	1.146	1.139	1.131	1.124	1.117	1.110	1.103	1.097	1.090	1.084	1.078	1.072	1.066
21	1.194	1.185	1.176	1.168	1.160	1.152	1.144	1.137	1.129	1.122	1.115	1.108	1.102	1.095	1.089	1.082	1.076	1.070
22	1.200	1.191	1.182	1.174	1.166	1.158	1.150	1.142	1.135	1.128	1.120	1.113	1.107	1.100	1.094	1.087	1.081	1.075
23	1.206	1.197	1.188	1.180	1.172	1.164	1.156	1.148	1.141	1.133	1.126	1.119	1.112	1.106	1.099	1.093	1.086	1.080
24	1.213	1.204	1.195	1.187	1.178	1.170	1.162	1.154	1.147	1.139	1.132	1.125	1.118	1.111	1.105	1.098	1.092	1.086
25	1.220	1.211	1.202	1.194	1.185	1.177	1.169	1.161	1.153	1.146	1.138	1.131	1.124	1.117	1.111	1.104	1.098	1.092
26	1.228	1.219	1.210	1.201	1.192	1.184	1.176	1.168	1.160	1.153	1.145	1.138	1.131	1.124	1.117	1.111	1.104	1.098
27	1.236	1.227	1.218	1.209	1.200	1.192	1.183	1.175	1.167	1.160	1.152	1.145	1.138	1.131	1.124	1.117	1.111	1.104
28	1.245	1.235	1.226	1.217	1.208	1.200	1.191	1.183	1.175	1.167	1.160	1.152	1.145	1.138	1.131	1.124	1.118	1.111
29	1.254	1.244	1.235	1.226	1.217	1.208	1.199	1.191	1.183	1.175	1.168	1.160	1.153	1.145	1.138	1.132	1.125	1.118
30	1.263	1.253	1.244	1.235	1.226	1.217	1.208	1.200	1.192	1.184	1.176	1.168	1.161	1.153	1.446	1.139	1.133	1.126
31	1.273	1.263	1.254	1.244	1.235	1.226	1.217	1.209	1.201	1.192	1.184	1.177	1.169	1.162	1.155	1.148	1.141	1.134
32	1.281	1.274	1.264	1.254	1.245	1.236	1.227	1.218	1.210	1.202	1.194	1.186	1.178	1.171	1.163	1.156	1.149	1.142
33	1.295	1.285	1.275	1.265	1.255	1.246	1.237	1.228	1.220	1.211	1.203	1.195	1.187	1.180	1.172	1.165	1.158	1.151
34	1.307	1.296	1.286	1.276	1.266	1.257	1.248	1.239	1.230	1.221	1.213	1.205	1.197	1.189	1.182	1.174	1.167	1.160
35	1.319	1.308	1.298	1.288	1.278	1.268	1.259	1.250	1.241	1.232	1.224	1.215	1.207	1.200	1.192	1.184	1.177	1.170

续表

温度(℃) \ 回潮率(%)	6.8	6.9	7.0	7.1	7.2	7.3	7.4	7.5	7.6	7.7	7.8	7.9	8.0	8.1	8.2	8.3	8.4	8.5
11	1.031	1.025	1.020	1.015	1.010	1.005	1.000	0.996	0.991	0.987	0.983	0.978	0.974	0.970	0.966	0.962	0.958	0.955
12	1.033	1.028	1.022	1.017	1.012	1.007	1.003	0.998	0.993	0.989	0.985	0.980	0.976	0.972	0.968	0.964	0.960	0.957
13	1.035	1.030	1.025	1.020	1.015	1.010	1.005	1.000	0.995	0.991	0.987	0.982	0.978	0.974	0.970	0.966	0.962	0.959
14	1.038	1.033	1.027	1.022	1.017	1.012	1.007	1.003	0.998	0.994	0.989	0.985	0.981	0.977	0.972	0.968	0.964	0.961
15	1.041	1.036	1.030	1.025	1.020	1.015	1.010	1.005	1.001	0.996	0.992	0.987	0.983	0.979	0.975	0.971	0.967	0.964
16	1.044	1.039	1.034	1.028	1.023	1.018	1.013	1.008	1.004	0.999	0.995	0.990	0.986	0.982	0.978	0.974	0.970	0.966
17	1.048	1.042	1.037	1.032	1.027	1.022	1.016	1.011	1.007	1.002	0.998	0.994	0.989	0.985	0.981	0.977	0.973	0.969
18	1.052	1.046	1.041	1.035	1.030	1.025	1.020	1.015	1.010	1.006	1.001	0.997	0.993	0.988	0.984	0.980	0.976	0.972
19	1.056	1.050	1.044	1.039	1.034	1.029	1.024	1.019	1.014	1.010	1.005	1.000	0.996	0.992	0.988	0.984	0.980	0.976
20	1.060	1.054	1.049	1.043	1.038	1.033	1.028	1.023	1.018	1.013	1.009	1.004	1.000	0.996	0.992	0.988	0.984	0.980
21	1.064	1.059	1.053	1.048	1.042	1.037	1.032	1.027	1.022	1.017	1.013	1.009	1.004	1.000	0.996	0.992	0.988	0.984
22	1.069	1.064	1.058	1.052	1.047	1.042	1.037	1.032	1.027	1.022	1.017	1.013	1.008	1.004	1.000	0.996	0.992	0.988
23	1.074	1.069	1.063	1.057	1.052	1.047	1.042	1.037	1.032	1.027	1.022	1.017	1.013	1.009	1.004	1.000	0.996	0.992
24	1.080	1.074	1.068	1.063	1.057	1.052	1.047	1.042	1.037	1.032	1.027	1.022	1.018	1.014	1.009	1.005	1.001	0.997
25	1.086	1.080	1.074	1.068	1.063	1.057	1.052	1.047	1.042	1.037	1.032	1.028	1.023	1.019	1.014	1.010	1.006	1.002
26	1.092	1.086	1.080	1.074	1.069	1.063	1.058	1.053	1.048	1.043	1.038	1.033	1.028	1.024	1.019	1.015	1.011	1.007
27	1.098	1.092	1.086	1.080	1.075	1.069	1.064	1.059	1.054	1.049	1.044	1.039	1.034	1.030	1.025	1.021	1.016	1.012
28	1.105	1.099	1.093	1.087	1.081	1.076	1.070	1.065	1.060	1.055	1.050	1.045	1.040	1.035	1.031	1.027	1.022	1.018
29	1.112	1.106	1.100	1.094	1.088	1.082	1.077	1.072	1.066	1.061	1.056	1.051	1.046	1.042	1.037	1.033	1.028	1.024
30	1.120	1.113	1.107	1.101	1.095	1.090	1.084	1.079	1.073	1.068	1.063	1.058	1.053	1.048	1.044	1.039	1.035	1.030
31	1.128	1.121	1.115	1.109	1.103	1.097	1.091	1.086	1.080	1.075	1.070	1.065	1.060	1.055	1.050	1.046	1.041	1.037
32	1.136	1.129	1.123	1.117	1.111	1.105	1.099	1.093	1.088	1.083	1.077	1.072	1.067	1.062	1.058	1.053	1.049	1.044
33	1.144	1.138	1.131	1.125	1.119	1.113	1.107	1.102	1.096	1.091	1.085	1.080	1.075	1.070	1.065	1.060	1.056	1.051
34	1.153	1.147	1.140	1.134	1.128	1.122	1.116	1.110	1.104	1.099	1.093	1.088	1.083	1.078	1.073	1.068	1.064	1.059
35	1.163	1.156	1.150	1.143	1.137	1.131	1.125	1.119	1.113	1.107	1.102	1.097	1.091	1.086	1.081	1.076	1.072	1.067

续表

温度(℃) \ 回潮率(%)	8.6	8.7	8.8	8.9	9.0	9.1	9.2	9.3	9.4	9.5	9.6	9.7	9.8	9.9	10.0	10.1	10.2	10.3
11	0.951	0.947	0.944	0.941	0.937	0.934	0.931	0.928	0.925	0.922	0.919	0.916	0.914	0.911	0.909	0.906	0.904	0.901
12	0.953	0.949	0.946	0.943	0.939	0.936	0.933	0.930	0.927	0.924	0.921	0.918	0.915	0.913	0.910	0.908	0.905	0.903
13	0.955	0.951	0.948	0.945	0.941	0.938	0.935	0.932	0.929	0.926	0.923	0.920	0.917	0.915	0.912	0.910	0.907	0.905
14	0.957	0.953	0.950	0.947	0.943	0.940	0.937	0.934	0.931	0.928	0.925	0.922	0.919	0.917	0.914	0.912	0.909	0.907
15	0.960	0.956	0.952	0.949	0.946	0.943	0.939	0.936	0.933	0.930	0.927	0.924	0.921	0.919	0.916	0.914	0.911	0.909
16	0.963	0.959	0.955	0.952	0.949	0.945	0.942	0.939	0.936	0.933	0.930	0.927	0.924	0.922	0.919	0.916	0.914	0.912
17	0.966	0.962	0.958	0.955	0.952	0.948	0.945	0.942	0.939	0.936	0.933	0.930	0.927	0.924	0.922	0.919	0.917	0.914
18	0.969	0.965	0.961	0.958	0.955	0.951	0.948	0.945	0.942	0.939	0.936	0.933	0.930	0.927	0.925	0.922	0.919	0.917
19	0.972	0.968	0.964	0.961	0.958	0.954	0.951	0.948	0.945	0.942	0.939	0.936	0.933	0.930	0.928	0.925	0.922	0.920
20	0.976	0.972	0.968	0.965	0.961	0.958	0.954	0.951	0.948	0.945	0.942	0.939	0.936	0.933	0.931	0.928	0.926	0.923
21	0.980	0.976	0.972	0.969	0.965	0.962	0.958	0.955	0.952	0.949	0.946	0.943	0.940	0.937	0.934	0.932	0.929	0.927
22	0.984	0.980	0.976	0.973	0.969	0.966	0.962	0.959	0.956	0.953	0.950	0.947	0.944	0.941	0.938	0.936	0.933	0.931
23	0.988	0.984	0.980	0.977	0.973	0.970	0.966	0.963	0.960	0.957	0.954	0.951	0.948	0.945	0.942	0.940	0.937	0.934
24	0.993	0.989	0.985	0.981	0.978	0.974	0.970	0.967	0.964	0.961	0.958	0.955	0.952	0.949	0.946	0.944	0.941	0.938
25	0.998	0.994	0.990	0.986	0.983	0.979	0.975	0.972	0.969	0.966	0.962	0.959	0.956	0.953	0.951	0.948	0.945	0.942
26	1.003	0.999	0.995	0.991	0.988	0.984	0.980	0.977	0.974	0.971	0.967	0.964	0.961	0.958	0.956	0.953	0.950	0.947
27	1.008	1.001	1.000	0.996	0.993	0.989	0.985	0.982	0.979	0.976	0.972	0.969	0.966	0.963	0.961	0.958	0.955	0.952
28	1.011	1.010	1.006	1.002	0.998	0.994	0.991	0.989	0.981	0.981	0.977	0.974	0.971	0.968	0.966	0.963	0.960	0.957
29	1.020	1.016	1.012	1.008	1.004	1.000	0.997	0.993	0.990	0.987	0.983	0.980	0.977	0.974	0.971	0.968	0.965	0.962
30	1.026	1.022	1.018	1.014	1.010	1.006	1.003	0.999	0.996	0.993	0.989	0.986	0.983	0.980	0.977	0.974	0.971	0.968
31	1.033	1.028	1.024	1.020	1.017	1.013	1.009	1.005	1.002	0.999	0.995	0.992	0.989	0.986	0.983	0.980	0.977	0.971
32	1.040	1.035	1.031	1.027	1.023	1.020	1.016	1.012	1.009	1.005	1.002	0.999	0.995	0.992	0.989	0.986	0.983	0.980
33	1.047	1.042	1.038	1.034	1.030	1.027	1.023	1.019	1.016	1.012	1.009	1.005	1.002	0.999	0.995	0.992	0.990	0.987
34	1.055	1.050	1.046	1.042	1.038	1.034	1.030	1.026	1.023	1.019	1.016	1.012	1.009	1.006	1.002	0.999	0.996	0.993
35	1.063	1.058	1.054	1.050	1.046	1.042	1.038	1.034	1.030	1.027	1.023	1.020	1.016	1.013	1.010	1.006	1.003	1.001

续表

温度(℃) \ 回潮率(%)	10.4	10.5	10.6	10.7	10.8	10.9	11.0	11.1	11.2	11.3	11.4	11.5	11.6	11.7	11.8	11.9	12.0
11	0.899	0.896	0.894	0.892	0.890	0.888	0.886	0.884	0.882	0.880	0.879	0.877	0.875	0.874	0.872	0.871	0.870
12	0.901	0.898	0.896	0.894	0.892	0.890	0.888	0.886	0.884	0.882	0.880	0.879	0.877	0.876	0.874	0.873	0.871
13	0.902	0.900	0.898	0.896	0.894	0.892	0.890	0.888	0.886	0.884	0.882	0.881	0.879	0.877	0.876	0.875	0.873
14	0.904	0.902	0.900	0.898	0.896	0.894	0.892	0.890	0.888	0.886	0.884	0.883	0.881	0.879	0.878	0.876	0.875
15	0.906	0.904	0.902	0.900	0.898	0.896	0.894	0.892	0.890	0.888	0.886	0.885	0.883	0.881	0.880	0.878	0.877
16	0.909	0.907	0.904	0.902	0.900	0.898	0.896	0.894	0.892	0.890	0.888	0.887	0.885	0.884	0.882	0.880	0.879
17	0.912	0.910	0.907	0.905	0.903	0.901	0.899	0.897	0.895	0.893	0.891	0.889	0.888	0.886	0.884	0.883	0.881
18	0.915	0.912	0.910	0.908	0.906	0.904	0.902	0.900	0.898	0.896	0.894	0.892	0.891	0.889	0.887	0.886	0.884
19	0.918	0.915	0.913	0.911	0.909	0.907	0.905	0.903	0.901	0.899	0.897	0.895	0.894	0.892	0.890	0.889	0.887
20	0.921	0.918	0.916	0.914	0.912	0.910	0.908	0.906	0.904	0.902	0.900	0.898	0.897	0.895	0.893	0.892	0.890
21	0.924	0.922	0.919	0.917	0.915	0.913	0.911	0.909	0.907	0.905	0.903	0.902	0.900	0.898	0.896	0.895	0.893
22	0.928	0.926	0.923	0.921	0.919	0.916	0.914	0.912	0.910	0.908	0.906	0.915	0.903	0.901	0.900	0.898	0.897
23	0.932	0.929	0.927	0.925	0.923	0.920	0.918	0.916	0.914	0.912	0.910	0.909	0.907	0.905	0.904	0.902	0.901
24	0.936	0.933	0.931	0.929	0.927	0.924	0.922	0.920	0.918	0.916	0.914	0.913	0.911	0.909	0.908	0.906	0.904
25	0.940	0.938	0.935	0.933	0.931	0.928	0.926	0.924	1.922	0.920	0.919	0.917	0.915	0.913	0.912	0.910	0.908
26	0.945	0.942	0.940	0.937	0.935	0.933	0.931	0.929	0.926	0.924	0.923	0.921	0.919	0.917	0.916	0.914	0.912
27	0.950	0.947	0.945	0.942	0.940	0.938	0.936	0.934	0.931	0.929	0.928	0.926	0.924	0.922	0.920	0.919	0.917
28	0.955	0.952	0.950	0.947	0.945	0.943	0.941	0.939	0.936	0.934	0.932	0.931	0.929	0.927	0.925	0.924	0.922
29	0.960	0.957	0.955	0.952	0.950	0.948	0.946	0.944	0.941	0.939	0.937	0.936	0.934	0.932	0.930	0.929	0.927
30	0.965	0.963	0.960	0.958	0.955	0.953	0.951	0.949	0.946	0.944	0.942	0.941	0.939	0.937	0.935	0.934	0.932
31	0.971	0.969	0.966	0.964	0.961	0.959	0.957	0.955	0.952	0.950	0.948	0.946	0.944	0.942	0.941	0.939	0.938
32	0.978	0.975	0.972	0.970	0.967	0.965	0.963	0.961	0.958	0.956	0.954	0.952	0.950	0.948	0.947	0.945	0.943
33	0.984	0.981	0.978	0.976	0.974	0.971	0.969	0.967	0.964	0.962	0.960	0.958	0.956	0.954	0.953	0.951	0.949
34	0.991	0.988	0.985	0.983	0.980	0.978	0.975	0.973	0.971	0.969	0.967	0.965	0.962	0.960	0.959	0.957	0.955
35	0.998	0.995	0.992	0.990	0.987	0.985	0.982	0.980	0.978	0.975	0.973	0.971	0.969	0.967	0.965	0.964	0.962

表 4　环锭纺普梳纯棉针织管纱 USTER 统计值

英支 N_e	线密度 (tex)	条干变异系数(%)					毛羽值					断裂强度(cN/tex)(CRE 5m/min)					断裂强度变异系数(%)				
		5%	25%	50%	75%	95%	5%	25%	50%	75%	95%	5%	25%	50%	75%	95%	5%	25%	50%	75%	95%
6	98.4	9.37	10.54	11.54	12.63	14.39	6.74	7.61	8.84	9.99	11.78	21.67	19.44	17.21	15.30	13.72	4.2	4.7	5.5	6.4	7.4
7	84.4	9.69	10.85	11.85	12.94	14.66	6.48	7.31	8.49	9.61	11.32	21.72	19.46	17.26	15.36	13.78	4.3	4.9	5.7	6.6	7.6
8	73.8	9.97	11.13	12.12	13.22	14.90	6.26	7.06	8.19	9.30	10.93	21.77	19.49	17.30	15.41	13.83	4.5	5.1	5.9	6.8	7.8
9	65.6	10.20	11.38	12.37	13.47	15.12	6.07	6.85	7.94	9.02	10.60	21.81	19.51	17.34	15.46	13.87	4.7	5.2	6.0	6.9	7.9
10	59.1	10.45	11.61	12.60	13.69	15.31	5.91	6.67	7.72	8.79	10.31	21.84	19.53	17.38	15.50	13.91	4.8	5.4	6.2	7.1	8.1
12	49.2	10.87	12.02	13.00	14.10	15.66	5.64	6.36	7.36	8.39	9.83	21.90	19.56	17.44	15.58	13.97	5.1	5.7	6.5	7.3	8.3
13	45.4	11.05	12.20	13.18	14.28	15.81	5.53	6.23	7.20	8.23	9.62	21.93	19.57	17.47	15.61	14.00	5.2	5.8	6.6	7.5	8.4
14	42.2	11.23	12.37	13.35	14.45	15.95	5.43	6.11	7.06	8.07	9.44	21.95	19.58	17.49	15.64	14.03	5.3	5.9	6.7	7.6	8.5
16	36.9	11.56	12.69	13.66	14.76	16.22	5.24	5.90	6.82	7.81	9.11	22.00	19.61	17.54	15.69	14.08	5.5	6.1	6.9	7.8	8.7
18	32.8	11.85	12.98	13.93	15.03	16.45	5.09	5.73	6.61	7.58	8.84	22.04	19.63	17.58	15.74	14.12	5.7	6.3	7.1	8.0	8.9
20	29.5	12.12	13.24	14.19	15.29	16.66	4.95	5.57	6.42	7.38	8.59	22.07	19.64	17.62	15.79	14.16	5.9	6.5	7.3	8.1	9.1
21	28.1	12.25	13.36	14.31	15.41	16.76	4.81	5.50	6.34	7.29	8.49	22.09	19.65	17.63	15.81	14.18	5.9	6.5	7.4	8.2	9.2
22	26.8	12.37	13.48	14.42	15.52	16.86	4.83	5.44	6.26	7.20	8.38	22.10	19.66	17.65	15.82	14.20	6.0	6.6	7.4	8.3	9.2
23	25.7	12.49	13.59	14.53	15.63	16.95	4.78	5.37	6.19	7.12	8.29	22.12	19.67	17.66	15.84	14.21	6.1	6.7	7.5	8.4	9.3
24	24.6	12.60	13.70	14.64	15.74	17.04	4.73	5.32	6.12	7.05	8.19	22.13	19.67	17.68	15.86	14.23	6.2	6.8	7.6	8.5	9.4
25	23.6	12.71	13.81	14.74	15.84	17.12	4.68	5.26	6.05	6.98	8.11	22.15	19.68	17.69	15.88	14.24	6.2	6.8	7.7	8.5	9.5
26	22.7	12.82	13.91	14.84	15.94	17.20	4.63	5.21	5.99	6.91	8.02	22.16	19.69	17.71	15.89	14.26	6.3	6.9	7.7	8.6	9.5
27	21.9	12.92	14.01	14.94	16.04	17.28	4.59	5.16	5.93	6.84	7.94	22.17	19.69	17.72	15.91	14.27	6.4	7.0	7.8	8.7	9.6
28	21.1	13.02	14.11	15.03	16.13	17.36	4.55	5.11	5.87	6.78	7.87	22.19	19.70	17.73	15.92	14.29	6.4	7.1	7.9	8.7	9.6
29	20.4	13.12	14.20	15.13	16.22	17.44	4.50	5.06	5.82	6.72	7.80	22.20	19.71	17.74	15.94	14.30	6.5	7.1	7.9	8.8	9.7
30	19.7	13.21	14.30	15.21	16.31	17.51	4.47	5.02	5.77	6.66	7.73	22.21	19.71	17.76	15.95	14.31	6.6	7.2	8.0	8.9	8.9
32	18.5	13.40	14.47	15.38	16.47	17.65	4.39	4.93	5.67	6.56	7.60	22.23	19.72	17.78	15.98	14.34	6.7	7.3	8.1	9.0	9.0
34	17.4	13.57	14.64	15.55	16.63	17.78	4.33	4.86	5.58	6.46	7.48	22.25	19.73	17.80	16.01	14.36	6.8	7.4	8.2	9.1	10.0
36	16.4	13.74	14.80	15.70	16.79	17.90	4.26	4.79	5.49	6.36	7.37	22.27	19.74	17.82	16.03	14.38	6.9	7.5	8.3	9.2	10.1
38	15.5	13.90	14.95	15.85	16.93	18.02	4.20	4.72	5.42	6.28	7.26	22.29	19.75	17.84	16.05	14.40	7.0	7.6	8.4	9.3	10.2
40	14.8	14.05	15.10	15.99	17.07	18.13	4.15	4.66	5.34	6.20	7.17	22.31	19.76	17.86	16.07	14.42	7.1	7.7	8.5	9.4	10.3
42	14.1	14.20	15.24	16.12	17.20	18.24	4.10	4.60	5.27	6.12	7.08	22.32	19.77	17.87	16.09	14.44	7.2	7.8	8.6	9.5	10.3
44	13.4	14.34	15.37	16.25	17.33	18.34	4.05	4.54	5.21	6.05	6.99	22.34	19.78	17.89	16.11	14.46	7.3	7.9	8.7	9.6	10.4
45	13.1	14.41	15.44	16.31	17.39	18.39	4.03	4.52	5.18	6.02	6.95	22.35	19.78	17.90	16.12	14.46	7.4	8.0	8.8	9.6	10.5
47	12.6	14.54	15.56	16.44	17.51	18.49	3.98	4.47	5.12	5.95	6.87	22.36	19.79	17.91	16.14	14.48	7.5	8.1	8.9	9.7	10.6

表5 环锭纺普梳纯棉机织管纱 USTER 统计值

英支	线密度	条干变异系数(%)					毛羽值					断裂强度(cN/tex)(CRE 5m/min)					断裂强度变异系数(%)				
N_e	(tex)	5%	25%	50%	75%	95%	5%	25%	50%	75%	95%	5%	25%	50%	75%	95%	5%	25%	50%	75%	95%
6	98.4	9.64	10.98	12.57	13.82	15.47	6.79	7.61	8.60	9.58	10.90	21.19	19.44	17.52	15.79	14.55	5.1	5.9	6.6	8.1	10.3
7	84.4	10.01	11.34	12.90	14.13	15.74	6.57	7.36	8.30	9.26	10.51	21.22	19.46	17.55	15.83	14.59	5.4	6.1	6.8	8.3	10.3
8	73.8	10.34	11.65	13.18	14.40	15.98	6.38	7.15	8.05	8.99	10.18	21.25	19.49	17.58	15.87	14.62	5.5	6.3	7.0	8.4	10.4
9	65.6	10.65	11.94	13.44	14.65	16.19	6.22	6.97	7.84	8.76	9.91	21.28	19.51	17.61	15.90	14.64	5.7	6.5	7.1	8.6	10.4
10	59.1	10.93	12.21	13.68	14.87	16.39	6.09	6.81	7.66	8.56	9.66	21.30	19.53	17.64	15.93	14.67	5.9	6.6	7.3	8.7	10.5
12	49.2	11.43	12.67	14.10	15.27	16.73	5.85	6.55	7.34	8.22	9.26	21.35	19.56	17.68	15.98	14.71	6.2	6.9	7.6	8.9	10.6
13	45.4	11.66	12.89	14.29	15.44	16.88	5.75	6.44	7.21	8.07	9.09	21.36	19.57	17.70	16.00	14.72	6.3	7.0	7.7	9.0	10.6
14	42.2	11.87	13.08	14.46	15.61	17.02	5.66	6.33	7.09	7.94	8.93	21.38	19.58	17.71	16.02	14.74	6.4	7.2	7.8	9.1	10.6
16	36.9	12.27	13.45	14.79	15.91	17.28	5.50	6.15	6.88	7.71	8.66	21.41	19.61	17.74	16.06	14.77	6.7	7.4	8.1	9.2	10.7
18	32.8	12.63	13.78	15.08	16.18	17.52	5.37	6.00	6.70	7.51	8.42	21.44	19.63	17.77	16.09	14.80	6.9	7.6	8.3	9.4	10.7
20	29.5	12.96	14.09	15.34	16.43	17.73	5.25	5.86	6.54	7.34	8.21	21.46	19.64	17.80	16.12	14.82	7.1	7.8	8.4	9.5	10.8
21	28.1	13.11	14.23	15.47	16.54	17.82	5.19	5.80	6.47	7.26	8.12	21.48	19.65	17.81	16.14	14.83	7.2	7.9	8.5	9.5	10.8
22	26.8	13.27	14.37	15.58	16.66	17.92	5.14	5.74	6.40	7.19	8.03	21.49	19.66	17.82	16.15	14.84	7.3	8.0	8.6	9.6	10.8
23	25.7	13.41	14.50	15.70	16.76	18.01	5.09	5.69	6.33	7.12	7.95	21.50	19.67	17.83	16.16	14.85	7.4	8.0	8.7	9.6	10.9
24	24.6	13.55	14.63	15.81	16.86	18.10	5.05	5.63	6.27	7.05	7.87	21.51	19.67	17.84	16.17	14.86	7.4	8.1	8.8	9.7	10.9
25	23.6	13.69	14.75	15.92	16.96	18.18	5.00	5.58	6.21	6.99	7.80	21.52	19.68	17.85	16.18	14.87	7.5	8.2	8.8	9.7	10.9
26	22.7	13.82	14.87	16.02	17.06	18.26	4.96	5.54	6.16	6.93	7.72	21.53	19.69	17.86	16.20	14.88	7.6	8.3	8.9	9.8	10.9
27	21.9	13.95	14.99	16.12	17.15	18.34	4.92	5.49	6.11	6.87	7.66	21.53	19.69	17.87	16.21	14.89	7.7	8.4	9.0	9.8	10.9
28	21.1	14.08	15.10	16.22	17.24	18.41	4.88	5.45	6.06	6.82	7.59	21.54	19.70	17.87	16.22	14.90	7.8	8.4	9.0	9.9	10.9
29	20.4	14.20	15.21	16.31	17.33	18.49	4.85	5.41	6.01	6.76	7.53	21.55	19.71	17.88	16.23	14.90	7.8	8.5	9.1	9.9	11.0
30	19.7	14.32	15.32	16.41	17.41	18.56	4.81	5.37	5.96	6.71	7.47	21.56	19.71	17.89	16.24	14.91	7.9	8.6	9.2	10.0	11.0
32	18.5	14.55	15.52	16.58	17.58	18.69	4.75	5.29	5.87	6.62	7.36	21.57	19.72	17.91	16.25	14.93	8.0	8.7	9.3	10.1	11.0
34	17.4	14.76	15.72	16.75	17.73	18.82	4.68	5.22	5.79	6.53	7.25	21.59	19.73	17.92	16.27	14.94	8.2	8.8	9.4	10.1	11.0
36	16.4	14.97	15.91	16.91	17.88	18.94	4.63	5.16	5.72	6.45	7.16	21.60	19.74	17.93	16.29	14.95	8.3	8.9	9.5	10.2	11.1
38	15.5	15.17	16.09	17.06	18.02	19.06	4.57	5.10	5.65	6.37	7.07	21.61	19.75	17.95	16.30	14.97	8.4	9.0	9.6	10.3	11.1
40	14.8	15.37	16.26	17.20	18.15	19.17	4.52	5.04	5.58	6.30	6.98	21.63	19.76	17.96	16.32	14.98	8.5	9.1	9.7	10.3	11.1
42	14.1	15.55	16.42	17.34	18.28	19.28	4.48	4.99	5.52	6.23	6.90	21.64	19.77	17.97	16.33	14.99	8.7	9.3	9.8	10.4	11.1
44	13.4	15.73	16.58	17.48	18.40	19.38	4.43	4.94	5.46	6.17	6.83	21.65	19.78	17.98	16.34	15.00	8.8	9.4	9.9	10.5	11.1
45	13.1	15.82	16.66	17.54	18.46	19.43	4.41	4.91	5.44	6.14	6.79	21.65	19.78	17.99	16.35	15.01	8.8	9.4	10.0	10.5	11.2
47	12.6	15.99	16.81	17.67	18.57	19.53	4.37	4.87	5.38	6.08	6.72	21.67	19.79	18.00	16.36	15.02	8.9	9.5	10.1	10.6	11.2

表 6　环锭纺精梳纯棉针织管纱 USTER 统计值

英支	线密度	条干变异系数(%)					毛羽值					断裂强度(cN/tex)(CRE 5m/min)					断裂强度变异系数(%)				
N_e	(tex)	5%	25%	50%	75%	95%	5%	25%	50%	75%	95%	5%	25%	50%	75%	95%	5%	25%	50%	75%	95%
18	32.8	9.84	10.53	11.38	12.18	13.09	4.91	5.26	5.58	6.00	6.43	20.08	18.49	17.05	15.99	15.07	6.0	6.3	6.8	7.4	8.1
20	29.5	10.01	10.70	11.56	12.37	13.28	4.77	5.12	5.44	5.87	6.32	20.23	18.52	17.08	15.95	15.00	6.0	6.3	6.9	7.5	8.3
21	28.1	10.08	10.78	11.64	12.46	13.37	4.70	5.06	5.38	5.81	6.26	20.30	18.56	17.09	15.93	14.96	6.0	6.4	6.9	7.5	8.5
23	25.7	10.22	10.93	11.80	12.63	13.54	4.58	4.94	5.27	5.69	6.17	20.43	18.64	17.12	15.89	14.90	6.0	6.5	7.0	7.6	8.7
24	24.6	10.29	11.00	11.88	12.71	13.62	4.52	4.89	5.22	5.64	6.12	20.49	18.68	17.13	15.87	14.87	6.0	6.5	7.1	7.7	8.8
25	23.6	10.36	11.06	11.95	12.79	13.70	4.47	4.84	5.17	5.59	6.08	20.55	18.72	17.14	15.85	14.84	6.1	6.5	7.1	7.7	8.9
26	22.7	10.42	11.13	12.02	12.86	13.77	4.42	4.79	5.12	5.54	6.04	20.60	18.75	17.15	15.84	14.81	6.1	6.6	7.1	7.8	9.1
28	21.1	10.54	11.25	12.16	13.01	13.91	4.33	4.70	5.04	5.45	5.96	20.71	18.82	17.17	15.80	14.76	6.1	6.6	7.2	7.9	9.3
29	20.4	10.60	11.31	12.22	13.08	13.98	4.29	4.66	5.00	5.41	5.93	20.76	18.85	17.18	15.79	14.73	6.1	6.7	7.2	7.9	9.4
30	19.7	10.65	11.37	12.29	13.14	14.05	4.25	4.62	4.96	5.37	5.89	20.81	18.88	17.19	15.78	14.71	6.1	6.7	7.3	8.0	9.5
32	18.5	10.76	11.48	12.41	13.27	14.17	4.17	4.54	4.89	5.30	5.83	20.90	18.94	17.21	15.75	14.66	6.1	6.8	7.3	8.0	9.7
34	17.4	10.86	11.59	12.52	13.39	14.29	4.42	4.48	4.82	5.23	5.77	20.99	18.99	17.22	15.72	14.62	6.1	6.8	7.4	8.1	9.9
36	16.4	10.96	11.68	12.63	13.51	14.41	4.33	4.41	4.76	5.16	5.71	21.07	19.05	17.24	15.70	14.58	6.2	6.9	7.5	8.2	10.0
38	15.5	11.05	11.83	12.73	13.62	14.51	4.29	4.35	4.70	5.10	5.66	21.15	19.10	17.25	15.68	14.54	6.2	6.9	7.5	8.3	10.2
40	14.8	11.14	11.87	12.83	13.72	14.62	4.25	4.29	4.64	5.05	5.61	21.23	19.14	17.27	15.65	14.51	6.2	7.0	7.6	8.3	10.4
47	12.6	11.44	12.19	12.99	14.09	15.01	3.33	3.68	4.22	4.74	5.27	24.78	21.97	19.79	17.91	15.91	6.5	7.3	8.0	8.9	10.0
49	12.1	11.54	12.29	13.10	14.14	15.12	3.29	3.63	4.15	4.65	5.16	24.66	21.93	19.80	17.97	16.02	6.6	7.4	8.1	9.0	10.1
52	11.4	11.68	12.43	13.25	14.34	15.27	3.24	3.57	4.05	4.52	5.01	24.48	21.88	19.81	18.05	16.18	6.7	7.5	8.3	9.1	10.2
54	10.9	11.76	12.52	13.35	14.43	15.37	3.21	3.52	3.99	4.44	4.91	24.37	21.85	19.81	18.10	16.29	6.8	7.6	8.4	9.2	10.3
55	10.7	11.81	12.57	13.40	14.48	15.41	3.19	3.50	3.96	4.41	4.87	24.32	21.83	19.82	18.13	16.34	6.9	7.7	8.5	9.3	10.4
59	10.0	11.98	12.74	13.59	14.66	15.60	3.14	3.43	3.84	4.26	4.70	24.11	21.77	19.83	18.23	16.53	7.1	7.9	8.7	9.5	10.5
63	9.4	12.13	12.91	13.77	14.82	15.77	3.08	3.35	3.74	4.14	4.54	23.92	21.72	19.84	18.32	16.71	7.3	8.0	8.8	9.6	10.7
67	8.8	12.29	13.06	13.95	14.98	15.93	3.03	3.29	3.65	4.02	4.40	23.75	21.66	19.85	18.41	16.89	7.4	8.2	9.0	9.8	10.9
70	8.4	12.39	13.18	14.07	15.10	16.05	3.00	3.24	3.58	3.94	4.31	23.62	21.63	19.86	18.47	17.01	7.6	8.3	9.2	9.9	11.0
74	8.0	12.53	13.32	14.23	15.24	16.20	2.95	3.19	3.50	3.84	4.19	23.47	21.58	19.87	18.55	17.17	7.7	8.5	9.3	10.1	11.2
79	7.5	12.70	13.49	14.41	15.42	16.38	2.90	3.12	3.40	3.72	4.05	23.28	21.53	19.88	18.65	17.36	7.9	8.7	9.5	10.3	11.4
85	6.9	12.89	13.69	14.63	15.61	16.58	2.85	3.05	3.30	3.60	3.90	23.08	21.46	19.89	18.76	17.57	8.1	8.9	9.8	10.5	11.6
96	6.2	13.21	14.01	14.99	15.94	16.92	2.76	2.93	3.14	3.40	3.67	22.74	21.36	19.91	18.94	17.93	8.5	9.3	10.2	10.8	11.9
100	5.9	13.31	14.13	15.11	16.06	17.04	2.73	2.90	3.09	3.33	3.60	22.63	21.33	19.92	19.00	18.06	8.7	9.4	10.3	11.0	12.1
106	5.6	13.47	14.29	15.29	16.22	17.20	2.68	2.84	3.01	3.24	3.49	22.47	21.28	19.93	19.08	18.23	8.9	9.6	10.5	11.1	12.2

表 7 环锭纺精梳纯棉机织管纱 USTER 统计值

英支	线密度	条干变异系数(%)					毛羽值					断裂强度(cN/tex)(CRE 5m/min)					断裂强度变异系数(%)				
N_e	(tex)	5%	25%	50%	75%	95%	5%	25%	50%	75%	95%	5%	25%	50%	75%	95%	5%	25%	50%	75%	95%
18	32.8	9.64	10.42	11.35	12.16	13.30	4.83	5.23	5.77	6.31	6.80	21.29	19.36	17.53	16.16	14.89	5.5	6.2	6.8	7.9	9.0
20	29.5	9.95	10.74	11.68	12.52	13.72	4.65	5.05	5.57	6.10	6.63	21.39	19.45	17.62	16.25	14.98	5.7	6.3	7.0	8.0	9.1
21	28.1	10.09	10.90	11.83	12.70	13.92	4.56	4.96	5.48	6.00	6.55	21.43	19.49	17.66	16.29	15.02	5.7	6.4	7.0	8.1	9.1
23	25.7	10.36	11.19	12.13	13.03	14.29	4.41	4.81	5.32	5.82	6.41	21.52	19.57	17.74	16.37	15.09	5.9	6.5	7.2	8.2	9.3
24	24.6	10.49	11.30	12.27	13.18	14.47	4.34	4.75	5.24	5.73	6.34	21.56	19.60	17.77	16.41	15.12	5.9	6.6	7.2	8.3	9.3
25	23.6	10.62	11.47	12.41	13.34	14.65	4.27	4.68	5.17	5.66	6.28	21.59	19.64	17.81	16.44	15.16	6.0	6.6	7.3	8.3	9.4
26	22.7	10.74	11.60	12.54	13.49	14.82	4.21	4.62	5.10	5.58	6.22	21.63	19.67	17.84	16.48	15.19	6.0	6.7	7.4	8.4	9.4
28	21.1	10.98	11.86	12.80	13.77	15.14	4.10	4.51	4.97	5.45	6.11	21.70	19.73	17.90	16.54	15.25	6.2	6.8	7.5	8.5	9.5
29	20.4	11.09	11.98	12.92	13.91	15.30	4.04	4.45	4.92	5.38	6.06	21.73	19.76	17.93	16.57	15.28	6.2	6.9	7.5	8.5	9.6
30	19.7	11.21	12.10	13.04	14.04	15.46	3.99	4.40	4.86	5.32	6.01	21.76	19.79	17.96	16.60	15.31	6.3	6.9	7.6	8.6	9.6
32	18.5	11.42	12.33	13.27	14.30	15.75	3.90	4.31	4.75	5.21	5.92	21.82	19.84	18.02	16.66	15.36	6.4	7.0	7.7	8.7	9.7
34	17.4	11.63	12.56	13.49	14.55	16.03	3.81	4.22	4.66	5.10	5.83	21.88	19.89	18.07	16.72	15.41	6.5	7.1	7.8	8.8	9.8
36	16.4	11.82	12.77	13.71	14.78	16.30	3.73	4.14	4.57	5.01	5.75	21.93	19.94	18.12	16.77	15.46	6.5	7.2	7.9	8.9	9.8
38	15.5	12.01	12.97	13.91	15.01	16.56	3.65	4.07	4.49	4.92	5.68	21.98	19.99	18.17	16.82	15.50	6.6	7.3	8.0	8.9	9.9
40	14.8	12.19	13.17	14.10	15.23	16.82	3.59	4.00	4.41	4.83	5.61	22.03	20.03	18.21	16.86	15.54	6.7	7.4	8.1	9.0	10.0
47	12.6	11.33	12.07	12.80	13.83	15.28	3.02	3.55	4.00	4.41	5.50	26.80	23.91	20.95	17.92	15.69	6.5	7.3	8.1	9.0	10.4
49	12.1	11.49	12.24	12.97	13.99	15.42	2.99	3.51	3.93	4.33	5.36	26.80	23.80	20.93	17.99	15.82	6.7	7.5	8.2	9.1	10.5
52	11.4	11.73	12.47	13.22	14.23	15.62	2.96	3.45	3.85	4.22	5.18	26.31	23.64	20.89	18.09	16.01	6.9	7.8	8.5	9.4	10.8
54	10.9	11.89	12.63	13.37	14.38	15.74	2.94	3.41	3.79	4.16	5.06	26.13	23.55	20.87	18.16	16.13	7.1	7.9	8.7	9.6	11.0
55	10.7	11.96	12.70	13.45	14.45	15.80	2.93	3.39	3.76	4.12	5.01	26.04	23.50	20.86	18.19	16.18	7.2	8.0	8.8	9.7	11.1
59	10.0	12.26	12.99	13.75	14.74	16.04	2.89	3.32	3.66	4.00	4.80	25.71	23.32	20.82	18.31	16.41	7.5	8.3	9.1	10.0	11.4
63	9.4	12.54	13.27	14.03	15.01	16.26	2.86	3.26	3.57	3.89	4.62	25.40	23.15	20.78	18.42	16.62	7.9	8.7	9.5	10.4	11.7
67	8.8	12.81	13.54	14.30	15.27	16.48	2.82	3.20	3.49	3.79	4.45	25.12	23.00	20.74	18.53	16.83	8.2	9.0	9.8	10.7	12.0
70	8.4	13.00	13.73	14.50	15.46	16.63	2.80	3.16	3.43	3.71	4.34	24.92	22.89	20.72	18.61	16.98	8.4	9.2	10.0	11.0	12.2
74	8.0	13.26	13.96	14.76	15.70	16.83	2.77	3.11	3.36	3.63	4.20	24.66	22.75	20.68	18.70	17.16	8.7	9.5	10.3	11.3	12.5
79	7.5	13.56	14.28	15.06	15.99	17.06	2.74	3.05	3.27	3.52	4.04	24.37	22.59	20.64	18.82	17.39	9.1	9.9	10.7	11.6	12.8
85	6.9	13.91	14.62	15.41	16.32	17.33	2.70	2.99	3.18	3.41	3.86	24.05	22.41	20.60	18.95	17.64	9.6	10.3	11.2	12.1	13.2
96	6.2	14.51	15.06	15.85	16.73	17.66	2.64	2.88	3.04	3.24	3.59	23.52	22.11	20.53	19.17	18.07	10.4	11.1	11.9	12.9	13.9
100	5.9	14.71	15.41	16.21	17.07	17.94	2.62	2.85	2.99	3.18	3.51	23.34	22.01	20.50	19.24	18.22	10.6	11.4	12.2	13.1	14.2
106	5.6	15.01	15.71	16.51	17.35	18.16	2.59	2.80	2.92	3.10	3.39	23.10	21.87	20.47	19.34	18.43	11.1	11.8	12.6	13.5	14.5

表 8　紧密纺纯棉精梳管纱 USTER 统计值

英支	线密度	条干变异系数(%)			毛羽值			断裂强度(cN/tex)(CRE 5m/min)			断裂强度变异系数(%)		
N_e	(tex)	5%	50%	95%	5%	50%	95%	5%	50%	95%	5%	50%	95%
18	32.8	9.55	10.35	11.37	3.62	4.39	5.47	22.96	19.27	16.42	4.6	5.4	6.4
20	29.5	9.77	10.58	11.60	3.49	4.20	5.20	23.20	19.49	16.60	4.8	5.7	6.7
21	28.1	9.87	10.69	11.71	3.44	4.12	5.08	23.32	19.60	16.68	4.9	5.8	6.8
23	25.7	10.07	10.89	11.92	3.34	3.97	4.86	23.53	19.79	16.84	5.1	6.0	7.1
24	24.6	10.16	10.99	12.01	3.29	3.90	4.77	23.63	19.88	16.91	5.2	6.1	7.2
25	23.6	10.25	11.08	12.11	3.24	3.84	4.67	23.72	19.97	16.98	5.3	6.3	7.3
26	22.7	10.34	11.17	12.20	3.20	3.77	4.59	23.81	20.06	17.05	5.5	6.4	7.5
28	21.1	10.50	11.35	12.38	3.12	3.66	4.43	23.99	20.22	17.18	5.6	6.6	7.7
29	20.4	10.58	11.43	12.46	3.09	3.61	4.36	24.07	20.30	17.24	5.7	6.7	7.8
30	19.7	10.66	11.51	12.54	3.05	3.56	4.29	24.15	20.37	17.30	5.8	6.8	7.9
32	18.5	10.81	11.67	12.70	2.99	3.47	4.16	24.31	20.52	17.41	6.0	7.0	8.1
34	17.4	10.96	11.82	12.85	2.93	3.38	4.04	24.46	20.65	17.52	6.2	7.2	8.3
36	16.4	11.09	11.96	12.99	2.87	3.31	3.93	24.59	20.78	17.62	6.4	7.4	8.5
38	15.5	11.22	12.10	13.12	2.82	3.23	3.83	24.73	20.90	17.72	6.5	7.6	8.7
40	14.8	11.35	12.23	13.25	2.78	3.17	3.74	24.85	21.02	17.81	6.7	7.7	8.9
42	14.1	11.47	12.36	13.38	2.73	3.10	3.65	24.97	21.13	17.90	6.8	7.9	9.1
44	13.4	11.58	12.48	13.51	2.69	3.05	3.57	25.09	21.24	17.98	7.0	8.1	9.3
45	13.1	11.64	12.54	13.56	2.67	3.02	3.53	25.14	21.29	18.02	7.1	8.1	9.4
49	12.1	11.86	12.76	13.78	2.59	2.92	3.39	25.36	21.49	18.18	7.4	8.5	9.7
51	11.6	11.96	12.87	13.89	2.56	2.87	3.33	25.46	21.59	18.25	7.5	8.6	9.9
55	10.7	12.16	13.07	14.09	2.50	2.78	3.21	25.65	21.76	18.40	7.8	8.9	10.2
60	9.8	12.39	13.32	14.33	2.43	2.68	3.08	23.87	21.97	18.56	8.1	9.3	10.6
64	9.2	12.56	13.50	14.51	2.37	2.61	2.99	26.04	22.13	18.68	8.4	9.6	10.9
69	8.6	12.77	13.71	14.72	2.32	2.54	2.88	26.23	22.31	18.82	8.7	9.9	11.2
71	8.3	12.85	13.79	14.80	2.29	2.51	2.84	26.31	22.38	18.88	8.8	10.0	11.4
75	7.9	13.00	13.95	14.95	2.25	2.45	2.77	26.45	22.51	18.98	9.0	10.3	11.7
80	7.4	13.19	14.14	15.14	2.20	2.39	2.69	26.62	22.67	19.11	9.3	10.6	12.0
83	7.1	13.29	14.25	15.25	2.18	2.35	2.64	26.72	22.76	19.18	9.5	10.7	12.2
86	6.9	13.39	14.36	15.35	2.15	2.32	2.59	26.81	22.85	19.25	9.6	10.9	12.3
89	6.6	13.49	14.46	15.45	2.13	2.29	2.55	26.90	22.94	19.32	9.8	11.1	12.5

表9　各品种十万米纱疵数USTER统计值

疵点分极	环锭纺普梳纯棉针织纱				环锭纺普梳纯棉机织纱				环锭纺精梳纯棉针织纱				环锭纺精梳纯棉机织纱			
	5%	25%	75%	95%	5%	25%	75%	95%	5%	25%	75%	95%	5%	25%	75%	95%
A1	577	1361	5885	10000	185	821	5320	10256	98.5	277	1140	3552	284	622	1842	3831
A2	35.9	86.8	437	1796	11.0	55.1	395	1987	10.2	27.9	121	405	25.2	59.5	205	483
A3	2.6	8.3	35.0	257	1.6	7.0	39.7	200	1.1	4.6	14.1	40.7	2.1	7.1	25.8	59.5
A4	0.9	3.9	10.4	51.1	0.9	3.2	14.5	35.9	1.0	3.0	8.5	18.6	0.2	4.0	13.8	20.6
B1	62.5	200	842	3643	33.3	130	1057	4133	22.8	47.4	140	395	25.8	70.9	270	671
B2	11.2	20.6	78.5	307	5.1	18.6	72.8	331	5.4	10.4	31.6	74.6	5.8	16.8	62.5	148
B3	1.8	5.7	17.7	25.8	1.5	5.0	16.8	36.8	1.0	3.4	10.2	17.3	1.3	4.8	15.2	34.1
B4	1.9	3.8	10.2	18.2	0.9	4.8	12.4	22.2	0.1	3.0	9.2	18.2	0.1	3.2	12.7	22.8
C1	5.4	16.0	61.0	395	3.0	13.1	59.5	315	2.0	5.7	20.1	53.7	3.4	9.2	34.1	80.5
C2	1.4	3.0	11.8	30.1	1.0	3.2	9.7	25.2	1.0	2.2	8.5	16.4	0.2	3.3	15.6	35.0
C3	0	0.1	3.3	8.3	0.1	1.0	3.4	7.3	0	0.1	3.0	6.3	0.1	1.0	5.1	11.2
C4	0.1	1.0	5.3	7.7	0.1	1.0	4.3	7.5	0	0.1	3.1	7.0	0	0.1	5.1	7.3
D1	0	0.1	4.8	22.8	0	0.1	4.2	9.1	0	0.1	2.1	4.5	0	0.1	4.0	7.0
D2	0	0.1	2.0	5.4	0	0.1	1.3	3.9	0	0.1	1.1	3.1	0	0.1	2.0	3.2
D3	0	0	0.1	2.4	0	0.1	1.1	2.7	0	0	0.1	2.0	0	0.1	1.1	2.1
D4	0	0.1	1.5	2.5	0	0.1	1.2	5.5	0	0.1	1.1	3.0	0	0.1	1.1	2.3
E	0	0.1	6.0	53.7	0.1	1.0	4.0	10.2	0	0.1	2.1	5.4	0	0.1	3.1	8.1
F	0.1	14.5	51.1	292	1.5	11.5	47.4	548	0.5	3.6	16.4	47.4	1.9	7.3	34.1	101
G	0	0.1	3.2	172	0	0.1	3.0	24.0	0	0.1	3.0	17.7	0	0.1	3.0	11.0
H1	22.2	84.7	395	1505	6.8	58.0	395	2558	1.0	4.9	181	1170	7.9	42.8	1708	5456
H2	0	0	0.1	2.5	0	0	0.1	2.4	0	0	0.1	1.2	0	0.1	1.9	19.6
I1	0	0.1	0.3	14.1	0	0.1	2.2	19.6	0	0.1	1.1	56.5	0	0.1	385	56.5
I2	0	0	0.1	0.2	0	0	0.1	1.9	0	0	0.1	5.1	0	0	4.0	0.1
A3 + B3 + C3 + D2 之和	4.4	14.2	58.0	296.5	3.2	13.1	61.2	248.0	2.1	8.2	28.4	67.4	3.5	13.0	48.1	108.0

表 10 棉纱线筒子回潮率修正系数 K_2

温度(℃) \ 回潮率(%)	3.5	4	4.5	5	5.5	6	6.5	7	7.5	8	8.5	9	9.5	10	10.5	11	11.5	12
7	1.05	1.03	1.00	0.98	0.95	0.93	0.90	0.88	0.85	0.83	0.80	0.77	0.75	0.72	0.70	0.68	0.65	0.63
7.5	1.02	0.99	0.97	0.95	0.92	0.90	0.87	0.85	0.82	0.80	0.78	0.75	0.73	0.70	0.68	0.65	0.63	0.61
8	0.98	0.96	0.94	0.91	0.89	0.87	0.84	0.82	0.80	0.77	0.75	0.72	0.70	0.68	0.66	0.63	0.61	0.59
8.5	0.95	0.92	0.90	0.88	0.85	0.83	0.81	0.79	0.77	0.75	0.72	0.70	0.68	0.65	0.63	0.61	0.58	0.56
9	0.91	0.89	0.87	0.84	0.82	0.80	0.78	0.76	0.74	0.72	0.69	0.67	0.65	0.63	0.61	0.59	0.56	0.54
9.5	0.87	0.85	0.83	0.81	0.79	0.77	0.75	0.73	0.71	0.69	0.67	0.65	0.63	0.61	0.59	0.57	0.54	0.52
10	0.84	0.82	0.80	0.78	0.76	0.74	0.72	0.70	0.68	0.66	0.64	0.62	0.60	0.58	0.56	0.54	0.52	0.50
10.5	0.80	0.78	0.76	0.74	0.72	0.70	0.69	0.67	0.65	0.63	0.61	0.59	0.57	0.56	0.54	0.52	0.50	0.48
11	0.76	0.74	0.72	0.71	0.69	0.67	0.65	0.64	0.62	0.60	0.58	0.57	0.55	0.53	0.51	0.50	0.48	0.46
11.5	0.72	0.70	0.69	0.67	0.65	0.64	0.62	0.60	0.59	0.57	0.55	0.54	0.52	0.50	0.49	0.47	0.45	0.44
12	0.68	0.67	0.65	0.63	0.62	0.60	0.58	0.57	0.56	0.54	0.52	0.51	0.49	0.48	0.46	0.45	0.43	0.42
12.5	0.64	0.63	0.61	0.60	0.58	0.57	0.55	0.54	0.53	0.51	0.50	0.48	0.47	0.45	0.44	0.42	0.41	0.39
13	0.60	0.59	0.57	0.56	0.55	0.53	0.52	0.51	0.49	0.48	0.47	0.45	0.44	0.42	0.41	0.40	0.38	0.37
13.5	0.56	0.55	0.54	0.52	0.51	0.50	0.48	0.47	0.46	0.45	0.43	0.42	0.41	0.40	0.38	0.37	0.36	0.35
14	0.52	0.51	0.50	0.49	0.47	0.46	0.45	0.44	0.43	0.42	0.40	0.39	0.38	0.37	0.36	0.35	0.33	0.32
14.5	0.48	0.47	0.46	0.45	0.44	0.43	0.42	0.40	0.39	0.38	0.37	0.36	0.35	0.34	0.33	0.32	0.31	0.30
15	0.44	0.43	0.42	0.41	0.40	0.39	0.38	0.37	0.36	0.35	0.34	0.33	0.32	0.31	0.30	0.29	0.28	0.27
15.5	0.40	0.39	0.38	0.37	0.36	0.35	0.34	0.33	0.33	0.32	0.31	0.30	0.29	0.28	0.27	0.26	0.26	0.25
16	0.35	0.35	0.34	0.33	0.32	0.31	0.31	0.30	0.29	0.28	0.28	0.27	0.26	0.25	0.24	0.24	0.23	0.22
16.5	0.31	0.30	0.30	0.29	0.28	0.28	0.27	0.26	0.26	0.25	0.24	0.24	0.23	0.22	0.22	0.21	0.20	0.20
17	0.27	0.26	0.26	0.25	0.24	0.24	0.23	0.23	0.22	0.22	0.21	0.20	0.20	0.19	0.19	0.18	0.18	0.17
17.5	0.22	0.22	0.21	0.21	0.20	0.20	0.19	0.19	0.19	0.18	0.18	0.17	0.17	0.16	0.16	0.15	0.15	0.14
18	0.18	0.18	0.17	0.17	0.17	0.16	0.16	0.15	0.15	0.15	0.14	0.14	0.13	0.13	0.13	0.12	0.12	0.11
18.5	0.14	0.13	0.13	0.13	0.12	0.12	0.12	0.12	0.11	0.11	0.11	0.10	0.10	0.10	0.09	0.09	0.09	0.09
19	0.09	0.09	0.09	0.09	0.08	0.08	0.08	0.08	0.08	0.07	0.07	0.07	0.07	0.07	0.06	0.06	0.06	0.06
19.5	0.04	0.04	0.04	0.04	0.04	0.04	0.04	0.04	0.04	0.04	0.04	0.03	0.03	0.03	0.03	0.03	0.03	0.03
20	0																	

表 11　棉纱线筒子回潮率修正系数 K_1

温度(℃) \ 回潮率(%)	3.5	4	4.5	5	5.5	6	6.5	7	7.5	8	8.5	9	9.5	10	10.5	11	11.5	12
20.5	-0.05	-0.05	-0.05	-0.05	-0.05	-0.05	-0.05	-0.04	-0.04	-0.04	-0.04	-0.04	-0.04	-0.04	-0.04	-0.04	-0.04	-0.04
21	-0.10	-0.10	-0.10	-0.10	-0.09	-0.09	-0.09	-0.09	-0.09	-0.09	-0.08	-0.08	-0.08	-0.08	-0.08	-0.07	-0.07	-0.07
21.5	-0.15	-0.15	-0.15	-0.15	-0.14	-0.14	-0.14	-0.13	-0.13	-0.13	-0.13	-0.12	-0.12	-0.12	-0.11	-0.11	-0.10	-0.10
22	-0.21	-0.20	-0.20	-0.20	-0.19	-0.19	-0.18	-0.18	-0.18	-0.17	-0.17	-0.16	-0.16	-0.16	-0.15	-0.15	-0.14	-0.14
22.5	-0.26	-0.25	-0.25	-0.24	-0.24	-0.24	-0.23	-0.23	-0.22	-0.22	-0.21	-0.21	-0.20	-0.20	-0.19	-0.19	-0.18	-0.18
23	-0.31	-0.31	-0.30	-0.29	-0.29	-0.28	-0.28	-0.27	-0.27	-0.26	-0.25	-0.25	-0.24	-0.24	-0.23	-0.22	-0.22	-0.21
23.5	-0.37	-0.36	-0.35	-0.34	-0.34	-0.33	-0.32	-0.32	-0.31	-0.30	-0.30	-0.29	-0.28	-0.28	-0.27	-0.26	-0.26	-0.25
24	-0.42	-0.41	-0.40	-0.40	-0.39	-0.38	-0.37	-0.37	-0.36	-0.35	-0.34	-0.33	-0.32	-0.32	-0.31	-0.30	-0.30	-0.29
24.5	-0.47	-0.46	-0.46	-0.45	-0.44	-0.43	-0.42	-0.41	-0.40	-0.40	-0.39	-0.38	-0.37	-0.36	-0.35	-0.34	-0.33	-0.32
25	-0.53	-0.52	-0.51	-0.50	-0.49	-0.48	-0.47	-0.46	-0.45	-0.44	-0.43	-0.42	-0.41	-0.40	-0.39	-0.38	-0.37	-0.36
25.5	-0.58	-0.57	-0.56	-0.55	-0.54	-0.53	-0.52	-0.51	-0.50	-0.49	-0.48	-0.47	-0.46	-0.45	-0.43	-0.42	-0.41	-0.40
26	-0.64	-0.63	-0.62	-0.60	-0.59	-0.58	-0.57	-0.56	-0.55	-0.53	-0.52	-0.51	-0.50	-0.49	-0.48	-0.46	-0.45	-0.44
26.5	-0.70	-0.68	-0.67	-0.66	-0.65	-0.63	-0.62	-0.61	-0.60	-0.58	-0.57	-0.56	-0.54	-0.53	-0.52	-0.51	-0.49	-0.48
27	-0.75	-0.74	-0.72	-0.71	-0.70	-0.68	-0.67	-0.66	-0.64	-0.63	-0.62	-0.60	-0.59	-0.57	-0.56	-0.55	-0.53	-0.52
27.5	-0.81	-0.79	-0.78	-0.76	-0.75	-0.74	-0.72	-0.71	-0.69	-0.68	-0.66	-0.65	-0.63	-0.62	-0.60	-0.59	-0.57	-0.56
28	-0.87	-0.85	-0.84	-0.82	-0.80	-0.79	-0.77	-0.76	-0.74	-0.73	-0.71	-0.69	-0.68	-0.66	-0.65	-0.63	-0.62	-0.60
28.5	-0.92	-0.91	-0.89	-0.87	-0.85	-0.84	-0.82	-0.81	-0.79	-0.77	-0.76	-0.74	-0.72	-0.71	-0.69	-0.68	-0.66	-0.64
29	-0.98	-0.96	-0.95	-0.93	-0.91	-0.89	-0.88	-0.86	-0.84	-0.82	-0.81	-0.79	-0.77	-0.75	-0.74	-0.72	-0.70	-0.68
29.5	-1.04	-1.02	-1.00	-0.98	-0.96	-0.95	-0.93	-0.91	-0.89	-0.87	-0.86	-0.84	-0.82	-0.80	-0.78	-0.76	-0.74	-0.73
30	-1.10	-1.08	-1.06	-1.04	-1.02	-1.00	-0.98	-0.96	-0.94	-0.92	-0.90	-0.88	-0.86	-0.85	-0.83	-0.81	-0.79	-0.77
30.5	-1.16	-1.14	-1.12	-1.10	-1.08	-1.06	-1.04	-1.02	-0.99	-0.97	-0.95	-0.93	-0.91	-0.89	-0.87	-0.85	-0.83	-0.81
31	-1.22	-1.20	-1.18	-1.16	-1.13	-1.11	-1.09	-1.07	-1.05	-1.03	-1.01	-0.98	-0.96	-0.94	-0.92	-0.90	-0.88	-0.85

续表

温度(℃) \ 回潮率(%)	3.5	4	4.5	5	5.5	6	6.5	7	7.5	8	8.5	9	9.5	10	10.5	11	11.5	12
31.5	-1.28	-1.25	-1.23	-1.21	-1.19	-1.16	-1.14	-1.12	-1.10	-1.08	-1.06	-1.03	-1.01	-0.98	-0.96	-0.94	-0.92	-0.89
32	-1.34	-1.32	-1.29	-1.27	-1.25	-1.22	-1.20	-1.17	-1.15	-1.13	-1.11	-1.08	-1.06	-1.03	-1.01	-0.99	-0.96	-0.94
32.5	-1.40	-1.38	-1.35	-1.33	-1.30	-1.28	-1.25	-1.22	-1.20	-1.18	-1.16	-1.13	-1.11	-1.08	-1.06	-1.04	-1.01	-0.99
33	-1.46	-1.44	-1.41	-1.38	-1.36	-1.33	-1.31	-1.28	-1.26	-1.23	-1.21	-1.18	-1.16	-1.13	-1.11	-1.08	-1.05	-1.03
33.5	-1.52	-1.50	-1.47	-1.44	-1.42	-1.39	-1.37	-1.34	-1.31	-1.29	-1.26	-1.23	-1.21	-1.18	-1.16	-1.13	-1.10	-1.08
34	-1.58	-1.56	-1.53	-1.50	-1.48	-1.45	-1.42	-1.39	-1.36	-1.33	-1.31	-1.28	-1.26	-1.23	-1.20	-1.17	-1.15	-1.12
34.5	-1.65	-1.62	-1.59	-1.56	-1.53	-1.51	-1.48	-1.45	-1.42	-1.39	-1.36	-1.33	-1.30	-1.28	-1.25	-1.22	-1.19	-1.16
35	-1.71	-1.68	-1.65	-1.62	-1.59	-1.56	-1.53	-1.51	-1.48	-1.45	-1.42	-1.39	-1.36	-1.33	-1.30	-1.27	-1.24	-1.21

表 12　环锭纺普梳纯棉针织筒纱 USTER 统计值

英支	线密度	条干变异系数(%)					毛羽值					断裂强度(cN/tex)(CRE 5 m/min)					断裂强度变异系数(%)				
N_e	(tex)	5%	25%	50%	75%	95%	5%	25%	50%	75%	95%	5%	25%	50%	75%	95%	5%	25%	50%	75%	95%
6	98.4	9.29	10.35	11.43	12.34	13.33	9.72	10.89	12.30	13.70	15.36	20.72	18.58	16.97	15.50	14.10	4.1	4.5	4.9	5.4	5.9
7	84.4	9.61	10.66	11.73	12.65	13.64	9.33	10.43	11.77	13.13	14.72	20.80	18.66	17.02	15.56	14.14	4.2	4.6	5.0	5.6	6.1
8	73.8	9.89	10.93	12.00	12.91	13.91	9.01	10.06	11.34	12.65	14.18	20.87	18.72	17.07	15.60	14.18	4.3	4.8	5.2	5.7	6.3
9	65.6	10.15	11.18	12.24	13.15	14.15	8.73	9.74	10.97	12.25	13.72	20.94	18.78	17.11	15.64	14.21	4.5	4.9	5.3	5.8	6.4
10	59.1	10.38	11.40	12.45	13.37	14.38	8.49	9.46	10.64	11.90	13.32	20.99	18.83	17.14	15.68	14.24	4.6	5.0	5.4	6.0	6.6
12	49.2	10.80	11.80	12.84	13.76	14.77	8.08	8.99	10.11	11.31	12.66	21.09	18.92	17.21	15.74	14.29	4.8	5.2	5.7	6.2	6.8
13	45.4	10.99	11.98	13.01	13.93	14.94	7.91	8.80	9.88	11.07	12.38	21.14	18.96	17.23	15.77	14.31	4.9	5.3	5.8	6.3	6.9
14	42.2	11.17	12.15	13.18	14.10	15.11	7.76	8.62	9.68	10.84	12.12	21.18	19.00	17.26	15.79	14.33	5.0	5.4	5.9	6.4	7.0
16	36.9	11.50	12.46	13.47	14.39	15.41	7.49	8.31	9.32	10.45	11.68	21.25	19.07	17.30	15.84	14.37	5.1	5.6	6.0	6.6	7.2
18	32.8	11.80	12.75	13.74	14.66	15.68	7.25	8.04	9.01	10.12	11.30	21.32	19.12	17.34	15.88	14.41	5.3	5.7	6.2	6.7	7.4
20	29.5	12.07	13.00	13.99	14.91	15.93	7.05	7.81	8.75	9.83	10.97	21.38	19.18	17.38	15.92	14.44	5.4	5.9	6.3	6.9	7.5
21	28.1	12.20	13.12	14.10	15.02	16.04	6.96	7.71	8.63	9.69	10.83	21.41	19.20	17.40	15.93	14.45	5.5	5.9	6.4	7.0	7.6
22	26.8	12.33	13.24	14.21	15.13	16.16	6.88	7.61	8.52	9.57	10.69	21.43	19.23	17.41	15.95	14.46	5.5	6.0	6.5	7.0	7.7
23	25.7	12.45	13.35	14.32	15.24	16.26	6.80	7.51	8.41	9.45	10.55	21.46	19.25	17.43	15.97	14.47	5.6	6.1	6.5	7.1	7.7
24	24.6	12.56	13.46	14.42	15.34	16.36	6.72	7.43	8.31	9.34	10.43	21.48	19.27	17.44	15.98	14.49	5.7	6.1	6.6	7.1	7.8
25	23.6	12.67	13.56	14.52	15.44	16.46	6.65	7.34	8.21	9.24	10.31	21.50	19.29	17.45	15.99	14.50	5.7	6.2	6.7	7.2	7.8
26	22.7	12.78	13.66	14.62	15.53	16.56	6.58	7.26	8.12	9.14	10.20	21.52	19.31	17.47	16.01	14.51	5.8	6.2	6.7	7.3	7.9
27	21.9	12.89	13.76	14.71	15.62	16.65	6.51	7.19	8.04	9.04	10.09	21.55	19.33	17.48	16.02	14.52	5.8	6.3	6.8	7.3	8.0
28	21.1	12.99	13.86	14.80	15.71	16.74	6.45	7.12	7.95	8.95	9.99	21.57	19.35	17.49	16.03	14.53	5.9	6.3	6.8	7.4	8.0
29	20.4	13.09	13.95	14.89	15.80	16.83	6.39	7.05	7.88	8.87	9.89	21.59	19.36	17.51	16.05	14.54	5.9	6.4	6.9	7.4	8.1
30	19.7	13.19	14.04	14.97	15.88	16.91	6.33	6.98	7.80	8.78	9.80	21.61	19.38	17.52	16.06	14.55	6.0	6.4	6.9	7.5	8.1
32	18.5	13.37	14.21	15.13	16.05	17.06	6.22	6.86	7.66	8.63	9.62	21.64	19.41	17.54	16.08	14.57	6.1	6.5	7.0	7.6	8.2
34	17.4	13.55	14.38	15.29	16.20	17.23	6.12	6.75	7.53	8.49	9.46	21.68	19.44	17.56	16.10	14.59	6.1	6.6	7.1	7.7	8.3
36	16.4	13.72	14.53	15.44	16.34	17.38	6.03	6.64	7.41	8.35	9.31	21.71	19.47	17.58	16.12	14.60	6.2	6.7	7.2	7.8	8.4
38	15.5	13.88	14.68	15.58	16.48	17.52	5.94	6.54	7.30	8.23	9.17	21.74	19.50	17.60	16.14	14.62	6.3	6.8	7.3	7.9	8.5
40	14.8	14.04	14.83	15.71	16.62	17.65	5.86	6.45	7.19	8.11	9.04	21.77	19.53	17.62	16.16	14.63	6.4	6.9	7.4	7.9	8.6
42	14.1	14.19	14.96	15.84	16.74	17.78	5.79	6.36	7.09	8.01	8.92	21.80	19.55	17.63	16.18	14.65	6.5	6.9	7.5	8.0	8.7
44	13.4	14.33	15.10	15.96	16.87	17.90	5.72	6.28	7.00	7.90	8.80	21.82	19.58	17.65	16.19	14.66	6.5	7.0	7.5	8.1	8.8
45	13.1	14.40	15.16	16.02	16.93	17.96	5.68	6.24	6.96	7.85	8.75	21.84	19.59	17.66	16.20	14.67	6.6	7.0	7.6	8.1	8.8
47	12.6	14.54	15.29	16.14	17.04	18.08	5.62	6.17	6.87	7.76	8.64	21.86	19.61	17.67	16.22	14.68	6.6	7.1	7.7	8.2	8.9

表 13 环锭纺普梳纯棉针织筒纱 USTER 统计值

英支	线密度	条干变异系数(%)					毛羽值					断裂强度(cN/tex)(CRE 5 m/min)					断裂强度变异系数(%)				
N_e	(tex)	5%	25%	50%	75%	95%	5%	25%	50%	75%	95%	5%	25%	50%	75%	95%	5%	25%	50%	75%	95%
6	98.4	11.32	12.34	13.57	14.92	16.62	8.12	9.10	10.20	11.53	12.83	20.53	19.13	17.13	15.43	14.16	4.7	5.3	5.9	7.1	8.4
7	84.4	11.56	12.59	13.82	15.17	16.87	7.79	8.72	9.75	10.99	12.23	20.61	19.18	17.17	15.47	14.16	5.0	5.6	6.2	7.4	8.6
8	73.8	11.77	12.82	14.05	15.40	17.09	7.53	8.41	9.37	10.55	11.73	20.68	19.22	17.20	15.50	14.17	5.2	5.9	6.5	7.6	8.9
9	65.6	11.96	13.02	14.25	15.60	17.28	7.30	8.14	9.05	10.18	11.30	20.75	19.26	17.23	15.53	14.18	5.5	6.1	6.7	7.8	9.1
10	59.1	12.13	13.20	14.44	15.79	17.46	7.10	7.90	8.77	9.85	10.93	20.81	19.29	17.26	15.55	14.18	5.7	6.3	6.9	8.0	9.3
12	49.2	12.43	13.53	14.76	16.11	17.77	6.77	7.52	8.31	9.32	10.32	20.90	19.35	17.31	15.60	14.19	6.1	6.7	7.3	8.4	9.6
13	45.4	12.57	13.67	14.91	16.25	17.90	6.63	7.35	8.11	9.09	10.07	20.95	19.38	17.33	15.62	14.19	6.2	6.9	7.5	8.6	9.8
14	42.2	12.69	13.81	15.04	16.39	18.03	6.50	7.20	7.94	8.89	9.84	20.99	19.40	17.35	15.63	14.19	6.4	7.0	7.7	8.7	9.9
16	36.9	12.92	14.05	15.29	16.63	18.26	6.28	6.94	7.63	8.53	9.43	21.06	19.44	17.38	15.67	14.20	6.7	7.4	8.0	9.0	10.2
18	32.8	13.13	14.28	15.51	16.85	18.47	6.08	6.72	7.37	8.23	9.09	21.13	19.48	17.42	15.69	14.20	7.0	7.6	8.3	9.3	10.4
20	29.5	13.32	14.48	15.71	17.05	18.66	5.92	6.53	7.14	7.96	8.79	21.19	19.51	17.44	15.72	14.21	7.3	7.9	8.5	9.6	10.7
21	28.1	13.41	14.57	15.80	17.14	18.74	5.84	6.44	7.04	7.85	8.66	21.21	19.53	17.46	15.73	14.21	7.4	8.0	8.7	9.7	10.8
22	26.8	13.49	14.66	15.89	17.23	18.83	5.77	6.36	6.94	7.73	8.53	21.24	19.54	17.47	15.74	14.21	7.5	8.2	8.8	9.8	10.9
23	25.7	13.57	14.75	15.98	17.32	18.91	5.71	6.28	6.85	7.63	8.42	21.26	19.56	17.48	15.75	14.21	7.5	8.3	8.9	9.9	11.0
24	24.6	13.65	14.83	16.06	17.40	18.98	5.64	6.21	6.76	7.53	8.30	21.29	19.57	17.49	15.76	14.21	7.7	8.4	9.0	10.0	11.1
25	23.6	13.73	14.91	16.14	17.48	19.06	5.58	6.14	6.68	7.44	8.20	21.31	19.59	17.50	15.77	14.21	7.8	8.5	9.2	10.1	11.2
26	22.7	13.80	14.99	16.22	17.55	19.13	5.53	6.07	6.60	7.35	8.10	21.33	19.60	17.51	15.78	14.22	8.0	8.6	9.3	10.2	11.3
27	21.9	13.87	15.07	16.30	17.63	19.20	5.47	6.01	6.53	7.26	8.00	21.35	19.61	17.52	15.79	14.22	8.1	8.7	9.4	10.3	11.3
28	21.1	13.94	15.14	16.37	17.70	19.27	5.42	5.95	6.46	7.18	7.91	21.37	19.62	17.53	15.80	14.22	8.2	8.8	9.5	10.4	11.4
29	20.4	14.00	14.21	16.44	17.77	19.33	5.37	5.89	6.39	7.11	7.83	21.39	19.63	17.54	15.81	14.22	8.3	8.9	9.6	10.5	11.5
30	19.7	14.07	15.28	16.51	17.83	19.40	5.32	5.84	6.33	7.03	7.74	21.41	19.64	17.55	15.82	14.22	8.4	9.0	9.7	10.6	11.6
32	18.5	14.19	15.41	16.64	17.96	19.52	5.23	5.73	6.21	6.89	7.59	21.45	19.66	17.57	15.83	14.22	8.6	9.2	9.9	10.8	11.7
34	17.4	14.31	15.53	16.76	18.08	19.63	5.15	5.64	6.10	6.77	7.44	21.48	19.68	17.59	15.85	14.23	8.7	9.4	10.1	10.9	11.9
36	16.4	14.42	15.65	16.88	18.20	19.74	5.07	5.55	6.00	6.65	7.31	21.51	19.70	17.60	15.86	14.23	8.9	9.6	10.2	11.1	12.0
38	15.5	14.52	15.77	16.99	18.31	19.84	5.00	5.47	5.90	6.54	7.19	21.54	19.72	17.62	15.87	14.23	9.1	9.7	10.4	11.2	12.2
40	14.8	14.63	15.87	17.10	18.41	19.94	4.93	5.39	5.81	6.44	7.07	21.57	19.74	17.63	15.89	14.23	9.3	9.9	10.6	11.4	12.3
42	14.1	14.72	15.98	17.20	18.51	20.03	4.87	5.32	5.73	6.34	6.97	21.60	19.75	17.64	15.90	14.23	9.4	10.1	10.7	11.5	12.4
44	13.4	14.82	16.08	17.30	18.61	20.12	4.81	5.25	5.65	6.25	6.87	21.63	19.77	17.65	15.91	14.24	9.6	10.2	10.9	11.7	12.5
45	13.1	14.86	16.12	17.34	18.66	20.16	4.78	5.22	5.61	6.21	6.82	21.64	19.78	17.66	15.91	14.24	9.6	10.3	11.0	11.7	12.6
47	12.6	14.95	16.22	17.44	18.75	20.25	4.73	5.16	5.54	6.13	6.73	21.66	19.79	17.67	15.93	14.24	9.8	10.4	11.1	11.8	12.7

表 14 环锭纺精梳纯棉针织筒纱 USTER 统计值

英支	线密度	条干变异系数(%)					毛羽值					断裂强度(cN/tex)(CRE 5 m/min)					断裂强度变异系数(%)				
N_e	(tex)	5%	25%	50%	75%	95%	5%	25%	50%	75%	95%	5%	25%	50%	75%	95%	5%	25%	50%	75%	95%
18	32.8	9.86	10.55	11.34	12.19	13.17	6.21	7.01	7.83	8.79	9.69	19.27	17.84	16.59	15.37	14.23	5.7	6.2	6.6	7.4	8.4
20	29.5	10.10	10.82	11.63	12.51	13.50	5.98	6.14	7.53	8.43	9.30	19.35	17.88	16.63	15.41	14.26	5.8	6.3	6.9	7.7	8.8
21	28.1	10.22	10.95	11.77	12.65	13.66	5.88	6.62	7.39	8.27	9.12	19.38	17.90	16.65	15.43	14.27	5.9	6.4	7.0	7.8	8.9
23	25.7	10.44	11.19	12.03	12.93	13.96	5.69	6.40	7.15	7.97	8.80	19.45	17.93	16.68	15.47	14.30	6.0	6.5	7.1	8.1	9.2
24	24.6	10.55	11.30	12.15	13.07	14.10	5.60	6.30	7.03	7.84	8.65	19.48	17.95	16.70	15.49	14.31	6.0	6.6	7.2	8.2	9.4
25	23.6	10.65	11.42	12.27	13.20	14.24	5.52	6.20	6.93	7.71	8.52	19.51	17.97	16.71	15.50	14.33	6.1	6.7	7.3	8.3	9.5
26	22.7	10.75	11.52	12.39	13.32	14.37	5.44	6.11	6.83	7.59	8.39	19.54	17.98	16.73	15.52	14.34	6.1	6.7	7.4	8.4	9.6
28	21.1	10.93	11.73	12.61	13.56	14.62	5.30	5.94	6.64	7.37	8.15	19.59	18.01	16.75	15.55	14.36	6.2	6.8	7.6	8.7	9.9
29	20.4	11.02	11.83	12.72	13.67	14.74	5.23	5.87	6.56	7.27	8.03	19.62	18.02	16.76	15.56	14.37	6.3	6.9	7.7	8.8	10.0
30	19.7	11.11	11.93	12.82	13.79	14.86	5.17	5.79	6.47	7.17	7.93	19.64	18.04	16.78	15.58	14.38	6.3	6.9	7.7	8.9	10.1
32	18.5	11.28	12.11	13.02	14.00	15.09	5.05	5.65	6.32	6.99	7.73	19.69	18.06	16.80	15.60	14.40	6.4	7.0	7.9	9.1	10.4
34	17.4	11.40	12.29	13.21	14.21	15.31	4.94	5.53	6.18	6.83	7.55	19.74	18.08	16.82	15.63	14.42	6.5	7.1	8.0	9.3	10.6
36	16.4	11.60	12.46	13.40	14.40	15.52	4.84	5.41	6.05	6.67	7.36	19.78	18.11	16.84	15.65	14.44	6.6	7.2	8.2	9.5	10.8
38	15.5	11.75	12.62	13.57	14.59	15.72	4.75	5.30	5.93	6.53	7.22	19.82	18.13	16.86	15.68	14.46	6.6	7.3	8.3	9.6	11.0
40	14.8	11.89	12.78	13.74	14.77	15.91	4.66	5.20	5.82	6.40	7.08	19.86	18.15	16.88	15.70	14.47	6.7	7.4	8.4	9.8	11.2
47	12.6	11.62	12.37	13.01	13.85	14.68	4.13	4.52	4.94	5.32	5.69	24.48	22.26	20.52	18.68	17.28	6.3	7.0	7.7	8.5	9.4
49	12.1	11.74	12.37	13.01	13.85	14.68	4.07	4.45	4.85	5.23	5.59	24.51	22.27	20.54	18.70	17.29	6.5	7.2	7.9	8.7	9.6
52	11.4	11.92	12.55	13.21	14.05	14.88	3.99	4.35	4.74	5.11	5.46	24.55	22.29	20.56	18.73	17.31	6.7	7.4	8.2	9.0	9.8
54	10.9	12.03	12.67	13.34	14.18	15.01	3.94	4.29	4.67	5.03	5.38	24.57	22.30	20.58	18.75	17.32	6.9	7.6	8.3	9.1	10.0
55	10.7	12.09	12.72	13.41	14.25	15.01	3.91	4.26	4.63	4.99	5.34	24.59	22.30	20.59	18.76	17.32	7.0	7.7	8.4	9.2	10.1
59	10.0	12.31	12.94	13.66	14.50	15.32	3.82	4.15	4.50	4.85	5.19	24.63	22.32	20.62	18.79	17.34	7.3	8.0	8.7	9.5	10.4
63	9.4	12.51	13.15	13.89	14.73	15.55	3.73	4.05	4.38	4.72	5.06	24.68	22.33	20.65	18.82	17.36	7.6	8.3	9.0	9.8	10.7
67	8.8	12.71	13.36	14.12	14.96	15.77	3.65	3.96	4.28	4.60	4.93	24.72	22.35	20.68	18.85	17.38	7.9	8.6	9.3	10.1	10.9
70	8.4	12.85	13.50	14.28	15.12	15.93	3.60	3.89	4.20	4.52	4.85	24.75	22.36	20.70	18.88	17.39	8.1	8.8	9.5	10.3	11.1
74	8.0	13.04	13.69	14.49	15.32	16.13	3.53	3.81	4.11	4.42	4.74	24.79	22.37	20.73	18.90	17.41	8.4	9.1	9.8	10.6	11.4
79	7.5	13.26	13.91	14.74	15.57	16.38	3.45	3.72	4.00	4.30	4.62	24.84	22.39	20.76	18.94	17.43	8.7	9.4	10.2	10.9	11.7
85	6.9	13.51	14.16	15.03	15.86	16.65	3.36	3.62	3.88	4.18	4.48	24.89	22.41	20.79	18.97	17.45	9.1	9.8	10.6	11.3	12.1
96	6.2	13.93	14.59	15.52	16.34	17.12	3.22	3.46	3.70	3.98	4.27	24.97	22.44	20.85	19.04	17.48	9.8	10.5	11.3	12.0	12.7
100	5.9	14.08	14.74	15.68	16.50	17.28	3.17	3.40	3.63	3.91	4.20	25.00	22.45	20.87	19.06	17.50	10.0	10.8	11.5	12.2	12.9
106	5.6	14.29	14.95	15.93	16.74	17.51	3.11	3.33	3.55	3.82	4.10	25.04	22.46	20.89	19.09	17.51	10.4	11.1	11.9	12.5	13.2

表 15　环锭纺精梳纯棉机织筒纱 USTER 统计值

英支	线密度	条干变异系数(%)					毛羽值					断裂强度(cN/tex)(CRE 5 m/min)					断裂强度变异系数(%)				
N_e	(tex)	5%	25%	50%	75%	95%	5%	25%	50%	75%	95%	5%	25%	50%	75%	95%	5%	25%	50%	75%	95%
18	32.8	10.31	11.09	11.83	12.59	13.49	6.37	6.98	7.40	7.85	8.53	21.87	19.36	17.45	15.93	14.43	6.0	6.5	7.3	8.1	9.2
20	29.5	10.58	11.37	12.13	12.94	13.98	6.11	6.73	7.14	7.58	8.28	21.93	19.44	17.51	15.99	14.49	6.1	6.7	7.5	8.3	9.5
21	28.1	10.71	11.49	12.27	13.11	14.21	5.99	6.62	7.02	7.45	8.17	21.96	19.47	17.55	16.01	14.52	6.2	6.7	7.5	8.4	9.6
23	25.7	10.95	11.74	12.54	13.43	14.66	5.78	6.42	6.81	7.23	7.97	22.02	19.54	17.61	16.06	14.58	6.3	6.9	7.7	8.5	9.7
24	24.6	11.06	11.86	12.67	13.58	14.87	5.68	6.32	6.71	7.12	7.88	22.04	19.57	17.66	16.08	14.61	6.3	6.9	7.7	8.6	9.8
25	23.6	11.17	11.97	12.79	13.73	15.08	5.59	6.24	6.62	7.03	7.79	22.07	19.60	17.63	16.10	14.63	6.4	7.0	7.8	8.7	9.9
26	22.7	11.28	12.08	12.91	13.87	15.28	5.51	6.15	6.53	6.94	7.70	22.09	19.63	17.69	16.12	14.66	6.4	7.0	7.8	8.8	10.0
28	21.1	11.49	12.29	13.14	14.15	15.67	5.35	6.00	6.37	6.76	7.55	22.13	19.68	17.74	16.16	14.70	6.5	7.1	8.0	8.9	10.2
29	20.4	11.58	12.39	13.25	14.28	15.85	5.27	5.93	6.29	6.69	7.48	22.15	19.71	17.76	16.18	14.72	6.5	7.2	8.0	8.9	10.2
30	19.7	11.68	12.49	13.36	14.41	16.04	5.20	5.86	6.22	6.61	7.41	22.17	19.73	17.78	16.20	14.75	6.6	7.2	8.1	9.0	10.3
32	18.5	11.87	12.68	13.57	14.65	16.39	5.07	5.73	6.08	6.47	7.27	22.21	19.78	17.83	16.23	14.79	6.7	7.3	8.2	9.1	10.5
34	17.4	12.04	12.86	13.76	14.89	16.73	4.95	5.61	5.96	6.34	7.15	22.25	19.83	17.87	16.26	14.82	6.7	7.4	8.3	9.2	10.6
36	16.4	12.21	13.03	13.95	15.11	17.06	4.84	5.50	5.84	6.22	7.04	22.28	19.87	17.90	16.29	14.86	6.8	7.5	8.4	9.3	10.7
38	15.5	12.37	13.19	14.13	15.33	17.37	4.74	5.40	5.74	6.10	6.94	22.31	19.91	17.94	16.32	14.89	6.9	7.6	8.5	9.4	10.8
40	14.8	12.53	13.35	14.13	15.54	17.67	4.64	5.30	5.64	6.00	6.84	22.34	19.95	17.97	16.35	14.93	6.9	7.7	8.5	9.5	11.0
47	12.6	11.22	12.23	13.27	14.47	15.78	3.80	4.20	4.67	5.18	6.12	26.95	23.95	21.00	17.99	15.70	7.1	7.7	8.4	9.4	10.3
49	12.1	11.42	12.42	13.44	14.62	15.90	3.75	4.14	4.59	5.09	5.98	26.74	23.83	20.96	18.06	15.81	7.2	7.9	8.6	9.6	10.5
52	11.4	11.70	12.68	13.68	14.83	16.07	3.68	4.05	4.48	4.96	5.79	26.44	23.67	20.90	18.15	15.98	7.5	8.1	8.8	9.8	10.7
54	10.9	11.88	12.86	13.84	14.96	16.17	3.64	4.00	4.41	4.88	5.67	26.25	23.56	20.87	18.21	16.09	7.6	8.3	9.0	9.9	10.9
55	10.7	11.97	12.94	13.92	15.02	16.23	3.62	3.97	4.38	4.84	5.61	26.16	23.51	20.85	18.24	16.14	7.7	8.4	9.1	10.0	10.9
59	10.0	12.31	13.27	14.21	15.28	16.43	3.55	3.87	4.26	4.69	5.39	25.81	23.32	20.78	18.36	16.35	8.0	8.7	9.4	10.3	11.2
63	9.4	12.65	13.58	14.50	15.52	16.63	3.48	3.78	4.15	4.56	5.20	25.49	23.14	20.72	18.47	16.54	8.3	9.0	9.7	10.6	11.5
67	8.8	12.97	13.89	14.77	15.74	16.81	3.41	3.70	4.05	4.43	5.03	25.20	22.97	20.67	18.57	16.72	8.5	9.2	10.0	10.9	11.8
70	8.4	13.20	14.11	14.97	15.91	16.94	3.37	3.64	3.98	4.35	4.91	24.99	22.86	20.63	18.64	16.85	8.7	9.5	10.2	11.0	12.0
74	8.0	13.50	14.39	15.22	16.12	17.11	3.31	3.57	3.89	4.24	4.76	24.73	22.71	20.57	18.73	17.02	9.0	9.7	10.5	11.3	12.2
79	7.5	13.87	14.73	15.52	16.37	17.31	3.25	3.49	3.79	4.12	4.59	24.42	22.53	20.51	18.84	17.22	9.3	10.0	10.8	11.6	12.5
85	6.9	14.29	15.12	15.87	16.66	17.54	3.17	3.40	3.68	3.99	4.41	24.08	22.34	20.45	18.97	17.45	9.7	10.4	11.2	12.0	12.9
96	6.2	15.01	15.79	16.46	17.15	17.93	3.06	3.26	3.50	3.78	4.12	23.53	22.03	20.34	19.17	17.83	10.3	11.1	11.8	12.6	13.5
100	5.9	15.27	16.02	16.66	17.31	18.06	3.02	3.21	3.45	3.72	4.03	23.35	21.92	20.30	19.24	18.06	10.6	11.3	12.1	12.8	13.7
106	5.6	15.63	16.36	16.96	17.55	18.25	2.97	3.04	3.37	3.62	3.90	23.10	21.77	20.25	19.34	18.25	10.9	11.7	12.4	13.1	14.0

表 16　紧密纺纯棉精梳筒纱 USTER 统计值

英支	线密度	条干变异系数(%)			毛羽值			断裂强度(cN/tex)(CRE 5 m/min)			断裂强度变异系数(%)		
N_e	(tex)	5%	50%	95%	5%	50%	95%	5%	50%	95%	5%	50%	95%
18	32.8	9.51	10.26	11.08	3.74	4.58	5.55	22.56	19.03	16.18	5.1	6.0	7.2
20	29.5	9.75	10.52	11.34	3.64	4.44	5.35	22.82	19.28	16.42	5.3	6.2	7.5
21	28.1	9.86	10.63	11.47	3.59	4.37	5.26	22.93	19.40	16.53	5.4	6.3	7.6
23	25.7	10.08	10.86	11.70	3.50	4.25	5.10	23.16	19.62	16.75	5.6	6.5	7.8
24	24.6	10.18	10.97	11.81	3.46	4.19	5.02	23.26	19.73	16.85	5.7	6.6	7.9
25	23.6	10.28	11.07	11.91	3.43	4.14	4.95	23.36	19.83	16.95	5.7	6.7	7.9
26	22.7	10.38	11.17	12.01	3.39	4.09	4.89	23.46	19.92	17.04	5.8	6.8	8.0
28	21.1	10.56	11.36	12.21	3.33	4.00	4.76	23.64	20.11	17.22	6.0	7.0	8.2
29	20.4	10.65	11.45	12.31	3.30	3.95	4.70	23.73	20.19	17.31	6.1	7.0	8.3
30	19.7	10.74	11.54	12.40	3.27	3.91	4.65	23.81	20.28	17.39	6.2	7.1	8.4
32	18.5	10.91	11.71	12.57	3.21	3.84	4.55	23.98	20.44	17.55	6.3	7.3	8.5
34	17.4	11.07	11.88	12.74	3.16	3.76	4.45	24.13	20.60	17.70	6.5	7.4	8.7
36	16.4	11.22	12.03	12.90	3.11	3.70	4.36	24.27	20.74	17.85	6.6	7.6	8.8
38	15.5	11.36	12.18	13.06	3.07	3.64	4.28	24.41	20.88	17.98	6.8	7.7	8.9
40	14.8	11.51	12.33	13.21	3.03	3.58	4.21	24.55	21.02	18.11	6.9	7.8	9.1
42	14.1	11.64	12.47	13.35	2.99	3.53	4.14	24.67	21.14	18.24	7.1	8.0	9.2
44	13.4	11.77	12.60	13.48	2.95	3.47	4.07	24.79	21.27	18.36	7.2	8.1	9.3
45	13.1	11.83	12.67	13.55	2.93	3.45	4.04	24.85	21.33	18.42	7.2	8.2	9.4
49	12.1	12.08	12.92	13.81	2.87	3.36	3.92	25.08	21.55	18.64	7.5	8.4	9.6
51	11.6	12.19	13.04	13.93	2.84	3.32	3.87	25.18	21.66	18.75	7.6	8.5	9.7
55	10.7	12.42	13.26	14.16	2.78	3.24	3.77	25.38	21.86	18.95	7.8	8.7	9.9
60	9.8	12.68	13.53	14.43	2.72	3.16	3.65	25.62	22.10	19.19	8.1	9.0	10.2
64	9.2	12.87	13.73	14.64	2.67	3.09	3.57	25.79	22.28	19.36	8.3	9.2	10.3
69	8.6	13.11	13.97	14.88	2.62	3.02	3.48	26.00	22.49	19.57	8.6	9.4	10.6
71	8.3	13.20	14.06	14.98	2.60	3.00	3.45	26.08	22.57	19.65	8.7	9.5	10.6
75	7.9	13.37	14.24	15.16	2.56	2.95	3.38	26.23	22.72	19.80	8.9	9.7	10.8
80	7.4	13.58	14.45	15.37	2.52	2.89	3.31	26.41	22.90	19.98	9.1	9.9	11.0
83	7.1	13.70	14.58	15.50	2.50	2.85	3.26	26.51	23.01	20.09	9.2	10.0	11.1
86	6.9	13.82	14.70	15.62	2.47	2.82	3.22	26.61	23.11	20.19	9.4	10.1	11.2
89	6.6	13.93	14.81	15.74	2.45	2.79	3.19	26.70	23.21	20.29	9.5	10.2	11.3